早期学术研究人员的
职业发展与困境研究

刘鑫桥　郭雨欣　张一凡　李　妍　王竞旋◎著

南开大学出版社
NANKAI UNIVERSITY PRESS

天　津

图书在版编目(CIP)数据

早期学术研究人员的职业发展与困境研究 / 刘鑫桥
等著. -- 天津：南开大学出版社，2024.12. -- ISBN
978-7-310-06674-2

Ⅰ. G316

中国国家版本馆 CIP 数据核字第 2024N506H9 号

早期学术研究人员的职业发展与困境研究
ZAOQI XUESHU YANJIU RENYUAN DE
ZHIYE FAZHAN YU KUNJING YANJIU

南开大学出版社出版发行
出版人：王　康

地址：天津市南开区卫津路 94 号　　邮政编码：300071
营销部电话：(022)23508339　营销部传真：(022)23508542
https://nkup.nankai.edu.cn

天津泰宇印务有限公司印刷　全国各地新华书店经销
2024 年 12 月第 1 版　　2024 年 12 月第 1 次印刷
240×170 毫米　16 开本　15 印张　2 插页　217 千字
定价：85.00 元

如遇图书印装质量问题,请与本社营销部联系调换,电话:(022)23508339

序 一

2020 年夏，刘鑫桥从北京大学教育学院取得博士学位，到天津大学任教。前些天，他与我讲，他和学生合作撰写了一本专著《早期学术研究人员的职业发展与困境研究》，请我作序。我欣然同意，首先是我对这个题目有兴趣，其次我在 2012 年参与日本广岛大学组织的亚洲学术职业调查的过程中和出国访学的经历中有一些切身体会，因此愿意与读者分享一些感想。

刘鑫桥等人专著的完成基于一个有利的条件，即国际权威期刊《自然》（Nature）于 2023 年组织了针对博士后研究人员的调查，获得了 3838 份调查数据，并且公开了这些数据，从而吸引不少人加入了分析数据的队伍，已经陆续有一些成果发表。虽然相对研究对象的总体而言，样本仍然不算很大，但是这些调查数据覆盖 93 个国家和地区、11 个学科，从地域和学科的覆盖面看，都是首屈一指的，十分难得。刘鑫桥及其研究团队，基于他们本人就是青年学者和对于青年学者生存状态的感受与想象，利用人力资本理论、信号理论、社会化理论、组织支持理论、期望理论和嵌入理论等，构建了分析框架和测度变量，除了调查数据，他们还补充了对 14 人的访谈数据，在对两种类型数据全面分析的基础上，得到了一些具有启发性的结论，提出了具有一定政策含义的建议。

在欣赏和肯定他们研究成果的同时，我想表达不完全针对他们研究的三点看法：

第一，学术世界与非学术世界存在着显著的差别，这要求研究者在进行学术研究时慎用来自非学术世界的理论，这种差别在研究方法选用上也有所体现。高等教育研究的著名学者伯顿·克拉克（Burton Clark）在研究学术职业基础上，撰写了一本名为《小世界，差异世界》（*Small World, Different World*）的专著。此书名即道出学术世界的特征。说得绝对一点，学术世界的特征是无法据在非学术世界行为特征基础上提出的理论来加以有效分析的，同样，在研究方法运用上，问卷调查和抽样统计分析比较难以揭示学术职业个性化的特征。比如，学术产出的非同质性使得学术行为难以通过整齐划一的数量指标加以反映，只有通过每一个学者灵动的思想及其丰富的行为表现，才能反映学术行为的多样性和复杂性，学术工作的个体性和独特性也使得被试在调查问卷中进行简单等级评分导致的局限性凸显出来。总之，研究者在利用社会理论和研究方法时，都需要审问其适切性如何。

第二，本人对于上述问题有切身的感受。我曾经先后多次参与过有关学术职业的国际学术会议，开始时觉得这样的调查及其研究还挺有意思，后来逐渐觉察到其局限性，特别是 2012 年我亲自参与亚洲学术职业问卷调查，与北京大学教育学院几位博士生处理数据和进行数据分析时，对于上述问题有了更加深刻的认识，对来自不同文化和社会背景下的学术职业数据进行分析时，遇到的问题更加明显。如果对研究对象国的情况没有足够的了解和认识，单从数据进行分析和判断，不仅容易陷入表浅，而且还容易产生误读和误解。

第三，上面的说法可能有些抽象，下面通过一些实例加以说明。2014—2015 年我去国外一所著名大学访学时，所见所闻对于我认识学术世界的独特性也大有裨益。当我看到一位知名度极高且我仰慕已久的学者开课时，毫不犹豫地选了他的课。本以为会出现门庭若市和座无虚席的情况，但是大大出乎意料，第一堂课进入教室后，我发现只有 6 个学生。对此，我们听课的两位中国学者感到十分纳闷儿，课后，我们问在本系任教的华人老师为什么会出现这种情形，得到的回答是，随着学者年龄的增加，如果缺少足够多新内容的话，就会如此，这是一种常态，但并不表明学者的学术水平不高。类似地，在选修其他课程时我也遇到过如下的情形，第一节课学生人数很多，座无虚席，于是第二次上课教师便更换了一间大教室，上课人数却陡减，教室变得空荡荡的。再从教授招收和指导博士生的数量看，也存在着明显的差别。该校有一对教授夫妇，女教授那边门庭若市，而男教授的弟子却少之又少。教授们视其为常态，不以为意，我行我素。在与该校一位教授讨论如何评价教师学术业绩时，他说，优秀大学并不以论文数量作为考核的唯一重要指标，在教师聘任和晋升时，并不是以其论文发表的多少甚至期刊等级作为衡量的标准，而是十分看重其学术工作的独特性，发表论文数量多有时反而会起反作用。这位教授还告诉我，如果大学想要促进教师的创新学术行为的话，适合采取弱激励的措施。

我写了上面几段话，目的在于说明学术世界的特殊性及其对研究工作提出的要求。没有绝对完美的研究作品，学术批评旨在意识到其局限性，并不断加以改进，这是学术工作的题中应有之义。刘鑫桥等人的作品不但有其独特贡献，而且为今后开展更好的研究提供了有价值的参考。

阎凤桥

北京大学教育学院院长、教授

2024 年 9 月 29 日于北大燕园

序 二

近年来，全球科技创新的竞争日益激烈，各国纷纷将青年科技人才的培养与发展置于战略优先地位。早期学术研究人员是青年科技人才的重要组成部分，是实现国家战略科技目标的重要力量。博士后研究人员和青年高校教师是早期学术研究人员的主要构成，处在学术职业发展的初期阶段，承担着科研、教学和服务社会的多重任务，面临着身份转换、职业认同以及心理适应等方面的多重压力。随着这一群体人数的逐年增加，学术职业的准入门槛也在不断提高，学术劳动力市场逐步由卖方市场转向买方市场，使得许多早期学术研究人员在职业发展过程中面临着前所未有的挑战与困境。他们不仅要面对职业选择压力，更要在高度竞争的学术环境中不断证明自身的能力与价值。无论是在求职过程中，还是在进入职业生涯初期，他们都需要面对高标准、高要求的科研任务以及随之而来的巨大心理压力。

刘鑫桥博士的研究团队选取早期学术研究人员为研究对象，全面而深入地探讨了早期学术研究人员在职业发展过程中所面临的种种挑战。其从人力资本理论、社会化理论、组织支持理论、期望理论和嵌入理论等多个理论视角出发，系统分析了影响早期学术研究人员职业选择的关键因素，并探讨了这些因素对其职业发展路径及心理健康的深远影响，形成了系统性的研究成果，即《早期学术研究人员的职业发展与困境研究》一书。该书不仅基于翔实的数据分析，揭示了早期学术研究人员在职业发展中面临的实际问题，还结合访谈数据，深入剖析了这些问题的成因，从多维度探索了早期学术研究人员的职业选择意愿、工作满意度、学术职业社会化、资源支持和心理健康等关键问题。

　　该书揭示了早期学术研究人员在职业发展中所面临的主要挑战，其中最为突出的有激烈的职业竞争导致的发展不确定性、科研环境中的结构性障碍、缺乏足够的职业发展支持，以及政策和制度在执行过程中存在的局限性。作者团队经深入分析发现，早期学术研究人员的生存困境是多重因素综合作用的结果，包括制度环境的制约、学术活动中的挑战，以及个人特质对职业选择和适应性的影响。这些因素相互交织，共同导致了早期学术研究人员在职业发展道路上所面临的复杂局面。该书针对早期学术研究人员心理健康问题的预防、识别与干预，深入探讨了通过基层单位构建面向这一群体的精神健康初级卫生保健系统的必要性。鉴于早期学术研究人员面临的压力和心理健康风险，基层单位在提供心理支持和初级卫生保健方面扮演着至关重要的角色。该书认为通过加强基层单位的资源配置和服务能力，构建一个系统化的精神健康支持体系，不仅可以帮助早期学术研究人员更好地应对职业发展中的挑战，还能在提高其工作效率和职业满意度方面发挥重要作用。这一体系的建设，将有助于整体提升我国青年科技人才的心理健康水平，进而提高他们在科研领域的可持续竞争力。

　　同时，该书通过深入研究早期学术研究人员在职业发展中面临的各类挑战，提出了切实可行的建议，旨在为政策制定者和学术机构提供有价值的参考。这些建议不仅有助于进一步优化我国青年科技人才的培养体系，改善学术环境，还能够有效提升早期学术研究人员的职业满意度和幸福感。在理论层面，为理解早期学术研究人员的职业选择与发展路径提供了重要依据。

　　希望该书的出版能够引起更多专家、学者和政策制定者的关注，进一步深入探讨早期学术研究人员所面临的困境与挑战，并能推进相关政策的调整。早期学术研究人员群体的成长与发展，不仅关系到他们个人的职业成就，更关乎国家科技创新的未来。我们呼吁各界共同努力，通过完善政策、优化学术环境、提供更多支持，帮助早期学术研究人员克服职业道路上的障碍，助

力他们在学术领域中实现更大的突破与贡献，构建更加健康、可持续发展的
学术生态系统。

姜华

大连理工大学学高等教育研究院教授

大连理工大学学科评价中心主任、高等教育研究院原院长

2024 年 9 月 30 日于辽宁大连

序 三

It is both an honour and a personal pleasure to introduce this insightful and timely book by Dr. Xinqiao Liu, a work that sheds light on the challenges faced by early career researchers (ECRs) working in academia. I had the privilege of working closely with Dr. Liu for three years at Tianjin University as a newly graduated Ph.D., and during that time, we both came to realise just how precarious the pathway to academic progression can be for ECRs. As his colleague and friend, I benefited significantly from his assistance especially when I was new to the academic environment in China. He shared vital information and helped me to build academic networks that were invaluable to my career progression. I truly appreciate the conversation we had, the peer support we formed, the time we shared together, especially during moments when I felt frustrated about being trapped in an institutional structure that often ill-equipped to support ECRs. The shared experiences we faced—such as the constant pressure to produce academic outputs, the uncertainties about long-term career prospects, and the inadequacies of institutional support—are at the heart of this comprehensive study.

This book is the culmination of Dr. Liu's extensive research into the complex factors that shape the experiences and aspirations of ECRs. Drawing on both quantitative and qualitative data, Dr. Liu meticulously investigates how the institutional environment and the level of support—or lack thereof—directly impact early career researchers. A particularly innovative aspect of this book is Dr. Liu's exploration of the impact of generative AI on early career researchers. In an era where technology is rapidly changing the landscape of academic work, this study could not be more timely. Dr. Liu delves into how AI tools are reshaping the research process and what this means for future career development for ECRs, offering critical insights into both the benefits and the ethical challenges that lie ahead. In addition to these groundbreaking findings, Dr. Liu also addresses one of the most overlooked aspects of academic progression: the personal sacrifices that many early career researchers are forced to make. In his discussion of the impact of childbearing on academic careers, for instance, he highlights how institutional frameworks often fail to provide adequate support for those trying to balance family and career progression.

The themes explored in this book are deeply personal to me, as Dr. Liu and I faced many of these institutional challenges together during our early career phase. We experienced firsthand the constant demand to publish and perform, often with little institutional guidance or mentorship. What makes this book particularly valuable, however, is that it doesn't just diagnose the problem; it also offers concrete solutions. Dr. Liu provides a thoughtful and well-researched policy implications for how institutions can better support their ECRs, ensuring that future generations of scholars are not lost to burnout or disillusionment.

I believe that ECRs may share common predicaments worldwide. Observing the situation of ECRs in the UK, I find that they often experience similar issues as we did in China. The ECRs are often becoming 'the academic precariat' navigating a workplace where expressions such as 'publish or perish' are unexceptional and – moreover – where allowing some of us to perish is an acceptable outcome from an institutional perspective (Burton and Bowman, 2022). The intersection of different forms of power, privilege, and oppression across the structural, the epistemological, the bodily, and the mundane is what makes precarity, and experiences of it, more than a simple technicality of career status. Instead, they shape personhood, social relations, knowledge production, and myriad life decisions and options outside of our lives in academia. This could open the door to the possibility of cross-country comparative studies in the future, which could further illuminate the challenges faced by ECRs across different cultural and institutional contexts.

As you read this book, I hope you will appreciate the depth of Dr. Liu's research and his commitment to shedding light on these critical issues. The book provides not only a comprehensive analysis of the pressures faced by early career researchers but also a call to action for research/higher education institutions and senior academics to rethink how we support the next generation of scholars. I am deeply grateful to Dr. Liu for his dedication to this important topic and his thoughtful contributions to this field. I believe it will spark meaningful conversations and changes in how we approach the development of early career researchers.

Sincerely,

Dr Geng Wang

Lecturer in Education

School of Education, College of Social Sciences

University of Glasgow

29/09/2024, Glasgow

目　录

第一章　引论

第一节　问题的提出

习近平总书记在党的二十大报告中指出，加快建设国家战略人才力量，努力培养造就更多大师、战略科学家、一流科技领军人才和创新团队、青年科技人才、卓越工程师、大国工匠、高技能人才。[①] 其中，以青年科技人才为代表的早期学术研究人员（Early Career Researchers, ECRs），既是推动我国科技创新发展的生力军，也是加快实现高水平科技自立自强的重要力量。《中国科技人才发展报告（2022）》显示，从 2012 年到 2021 年，我国研发人员全时当量从 324.7 万人年增长到了 635.4 万人年[②]。此外，国家重点研发计划参研人员中 45 岁以下科研人员占比超过了 80%。尽管青年科技人才在总量上占比较大，但当前仍缺乏完善的体制机制来充分激发青年科技人才的潜力，满足社会对于高素质、创新型人才日益增长的需求。2023 年出台的《关于进一步加强青年科技人才培养和使用的若干措施》提出，要强化对青年科技人

---

① 习近平. 高举中国特色社会主义伟大旗帜　为全面建设社会主义现代化国家而团结奋斗：在中国共产党第二十次全国代表大会上的报告 [M]. 北京：人民出版社，2022：36.

② 中华人民共和国科学技术部. 中国科技人才发展报告（2022）[M]. 北京：科学技术文献出版社，2022：18-19.

才的职业早期支持，完善自然科学领域博士后培养机制，支持青年科技人才的职业发展和能力提升。

早期学术研究人员通常被定义为刚刚进入职业生涯的博士学位获得者[1][2]，处于科研职业生涯的初期阶段。此阶段的职业发展具有高度的可探索性和不确定性，研究者正从适应学术职业环境逐步过渡到职业稳定阶段。值得注意的是，"早期"这一概念主要针对职业发展的阶段性，而非特定的时间限制。基于此，本书将早期学术研究人员界定为博士毕业后进入学术领域、职业生涯尚处于起步阶段的研究群体，涵盖博士后、高校青年教师等处于学术成长和职业积累阶段的人员。

博士后群体作为青年科技人才的重要储备力量，是我国高校高质量教师队伍的重要来源。1985 年，我国建立了第一批博士后流动站并开始培养高级研究型人才。我国博士后制度设立之初主要是为了吸引公派留学博士回国，投身国家建设，提升我国科技竞争力。[3] 此后，我国采取系列举措完善博士后制度体系，以提升博士后人才培养质量，为我国科技创新与产业升级注入强劲动力。2015 年出台的《关于改革完善博士后制度的意见》，对博士后研究人员定位、设站单位主体地位、设站和培养方式等方面加以明确及改进，完善博士后科研经费投入机制，并将博士后的日常经费标准由每人每年 5 万元提高到每人每年 8 万元。[4] 2022 年出台的《中共中央组织部 人力资源社会保障部等 7 部门关于加强和改进新时代博士后工作的意见》，从培养质量、管理方式、资金投入和使用管理等方面推动新时代博士后事业高质量发展。

---

① JIE X U, CHEN H E, NICHOLAS D, et al.Early-career researchers in china during the pandemic: Qualitative evidence from a longitudinal study[J].Journal of Scholarly Publishing, 2023,54(2):330-370.

② MULA J, CARMEN LUCENA RODRIGUEZ, JESUS DOMINGO SEGOVIA, et al. Early career researchers' identity: A qualitative review[J]. Higher Education Quarterly, 2021,76(2):1-14.

③ 姚云，曹昭乐，唐艺卿. 中国博士后制度 30 年发展与未来改革 [J]. 教育研究，2017，38（9）：76-82.

④ 国务院办公厅. 关于改革完善博士后制度的意见 [EB/OL].(2015-12-30)[2024-08-01]. https://www.gov.cn/zhengce/content/2015-12/03/content_10380.htm.

截至 2023 年，我国已建立超 7600 个博士后科研流动站和工作站，累计招收博士后约 34 万人。

然而随着早期学术研究人员规模日益扩大，学术职业的准入门越来越高。当前，学术劳动力市场竞争愈演愈烈，学术劳动力市场正逐步由卖方市场转向买方市场。[①] 以博士后群体为例，多项研究指出，其出站后的职业选择正逐渐呈现多元化趋势[②,③,④]。高校或科研机构已不是研究人员的唯一就业去向，相当数量的研究人员选择离开学术界并从事非学术领域的工作。此外，选择学术职业的早期学术研究人员同样面临诸多职业发展困境。一方面，我国对博士和博士后持续扩招，但高校及科研机构的科研岗位数量的增加速度低于学术研究人员数量的增长速度，导致学术就业市场供过于求，许多早期学术研究人员在寻找合适的科研岗位时面临激烈竞争。即使找到了心仪的学术岗位，早期学术研究人员仍要面临巨大的科研压力，往往在入职后还需在一定期限内完成一定的科研任务，否则将面临解聘风险。另一方面，在学生到研究人员的身份转变过程中，许多早期学术研究人员还可能面临身份认同问题。尤其当无法适应新的工作环境、工作方式和人际关系网络时，不仅会降低工作效率和研究进度，还可能会对自己的能力和价值产生怀疑，甚至导致严重的心理健康问题。

鉴于此，本书认为有必要了解以博士后、高校青年教师等群体为代表的早期学术研究人员在职业发展方面面临的困境，厘清影响早期学术研究人员的职业选择的因素，探究当前早期学术研究人员的心理健康状况，引导早期学术研究人员形成正确的职业选择观念，养成良好的心理健康状况，并为未来优

① 罗英姿，张晓可．人力资本、信号与偏好：学术劳动力市场的"下沉式就业"及其对博士职业发展的影响 [J]．高等教育研究，2023，44（10）：44-56．

② 沈文钦，许丹东．优秀的冒险者：中国博士后的职业选择与职业路径分析 [J]．中国高教研究，2021（5）：70-78．

③ FITZENBERGER B, SCHULZE U. Up or out: Research incentives and career prospects of postdocs in Germany[J]. German Economic Review, 2014, 15: 287-328.

④ DORENKAMP I, WEIß E E. What makes them leave? A path model of postdocs' intentions to leave academia[J]. Higher Education, 2018, 75: 747-767.

化我国早期学术研究人员的培养和使用提供参考，助力国家战略人才力量建设。

第二节　相关理论基础

一、人力资本理论

人力资本理论是经济学中一个重要的理论框架，将教育视为一种投资，通过提升个体的知识与技能，提高其在劳动力市场上的竞争力，进而提高其收入水平。[①]现代人力资本理论由西奥多·舒尔茨和加里·贝克尔等人在20世纪60年代提出，强调教育对个人未来经济收益的重要作用。按照人力资本理论的观点，教育不仅仅是传递知识的过程，更是个体积累人力资本、提高生产力和创新潜力的关键途径。人力资本理论认为，教育可以被视为一种人力资本投资，其目的是提高个体的劳动生产率，进而使其拓宽职业选择、获得更高薪酬。在这一理论视角下，个体的职业选择意向很大程度上受到其人力资本存量的影响。例如，对于博士毕业生而言，学术成果的多少反映了他们在某一领域的专业知识和研究能力，直接影响他们对学术职业的选择倾向。通常情况下，学术成果丰富的博士毕业生更可能选择学术道路，因为他们的人力资本更适合于进行深入研究和学术交流，而学术成果较少的博士毕业生可能会因为缺乏足够的研究经验和学术网络而更倾向于选择非学术职业，如企业研发、政策咨询等领域。[②]同样，人力资本积累对博士后的职业选择也有显著影响。博士后阶段通常被视为研究人员学术生涯的初期，是其积累科研经验、提升科研能力和建立学术网络的关键时期。因此，根据人力资本理论，拥有更高学术人力资本的博士后可能更倾向于继续追求学术职业。

此外，信号理论也适用于分析博士后等早期学术研究人员的职业选择。

---

① SCHULTZ T W. Investment in human capital[J]. The American Economic Review, 1961, 51(1): 1–17.

② 鲍威，杜嫱，麻嘉玲. 是否以学术为业：博士研究生的学术职业取向及其影响因素［J］. 高等教育研究，2017，38（4）：61–70.

在信息不对称的情况下，雇主无法准确评判求职者的能力水平，只能根据求职者某些易于观察的特征作出判断，而文凭便是代表个人能力的有效信号。[①]那么，对于希望继续学术职业的博士后来说，高质量和高数量的学术成果可以作为强有力的信号，表明他们具有独立研究的能力，这些信号可能会吸引大学或研究机构的关注，增加他们获得教职的机会。同样，博士后在非学术领域的技能和经验也可以作为信号，表明他们具备在工业界、政府部门、企业等工作的能力。因此，在博士后等早期学术研究人员的职业选择过程中，信号理论也提供了一个有效的框架，用于理解个人如何通过展示其能力等方面来影响雇主的决策。

二、社会化理论

社会化理论是本书解构早期学术研究人员在职业发展方面困境的重要突破口。社会化是指个体学习和内化社会规范、价值观、技能和行为模式的过程，使个体能够有效地参与社会生活。社会化还是一个持续终身的过程，从婴儿期开始，直到成年乃至老年，每个阶段都有其特定的社会化重点。对于博士后来说，加入学术共同体就意味着要学习学术共同体的规范与价值观，博士后的学术职业社会化可以理解为在与周围环境互动的过程中，掌握从事学术职业应具备的知识、技能和价值观，进而成为独立学者。[②]然而，在学术职业社会化过程中，受到各种因素的影响，一些博士后能够继续深化其专业领域的知识，顺利建立自身学术网络，逐渐成为被学术界认可的独立研究者；但也会有一些博士后无法适应学术职业的社会化过程，并选择放弃学业职业。因此，了解当前博士后学术职业社会化现状并探究这一社会化过程的关键影响因素，有助于引导更多博士后坚持学术职业，提升我国创新人才培养效果。

专业社会化模型的完善历经了一段漫长过程。最初的专业社会化模型是

① STIGLITZ J E. The theory of "screening", education, and the distribution of income[J]. The American Economic Review, 1975, 65(3): 283–300.

② BRIM C A. A modified pedigree method of selection in soybeans1[J]. Crop Science, 1966, 6(2): 52–63.

线性模型，并将个体的成长路径视为单向式发展 ①。魏德曼（Weidman）最早提出的专业社会化模型是充分理解影响大学生社会化的理论框架之一。Weidman 的第一个专业社会化模型出现在一项关于大学经历对大学生职业选择影响的实证研究中。② 与 20 世纪 80 年代早期大学影响研究中的流行观点相反，该框架包括大学以外的潜在影响因素，并断言高等教育机构不应该被认为是封闭的环境。在大学期间，学生继续与高等教育机构之外的人保持定期联系，并受到其影响，如父母、亲戚和朋友。该模型的扩展版本发表在一篇文献综述中。③ 在这个理论模型中，输入性因素包括性别、民族等人口统计变量以及社会经济地位、入学前期准备、大学资源等。过程性因素中，大学经历包括规范环境和社会化过程两方面，是专业社会化的核心。此外，过程性因素还包括父母或非大学环境的支持和影响。结果因素则包括专业满意度、专业认同、坚持意向、职业期望、社会资本等。总的来说，来自导师、朋辈与学校等方面的支持，是影响学术职业社会化进程的重要因素。④

三、组织支持理论

组织支持理论（Organizational Support Theory，OST）由艾森贝格尔（Eisenberger）等人提出，是一个重要的组织行为学理论，最初用于理解和管理员工与组织之间的关系。⑤ 组织支持感（Perceived Organizational Support，POS）是组织支持理论的核心概念，它指的是员工对于所在工作组织是否重

① O'TOOLE J. Forming the future: Lessons from the Saturn Corporation [M]. New Jersey: Blackwell Publishers, 1996: 31–45.

② WEIDMAN J C. Impacts of campus experiences and parental socialization on undergraduates' career choices[J]. Research in Higher Education, 1984, 20(4): 445–476.

③ WEIDMAN J C. Undergraduate socialization: A conceptual approach[M]// Smart J C. Higher education: Handbook of theory and research. NY: Agathon Press, 1989: 289–232.

④ 张晓洁，杨程越. 何以为学：博士生学术职业社会化影响因素与路径探究 [J]. 研究生教育研究，2024（1）：39–47+73.

⑤ EISENBERGER R, HUNTINGTON R, HUTCHISON S, et al. Perceived organizational support[J]. Journal of Applied Psychology, 1986, 71: 500–507.

视其贡献和关心其幸福的整体感受。[①] 例如，组织通过对员工利益的关心、工作的帮助、认可和重视，为其提供良好的工作环境、薪资待遇、职业发展前景等，使员工感知到自身对组织的认同，提升自身的职业认同感和组织承诺，并会为组织目标贡献自己的力量。相反，当员工缺乏组织支持感时，其发展得不到有效反馈，内在需求无法满足，容易引发职业倦怠，进而产生离职倾向。

目前有关组织支持理论的研究主要集中在对组织支持感的测量、组织支持感的前因变量和结果变量。首先，对组织支持感的测量主要使用 Eisenberger 等人在 1986 年编制的组织支持感量表[①]。其次，影响组织支持感的前因变量可以归纳为三类，包括组织因素、个人因素、组织与员工的关系。其中，组织因素包括组织公平性[②]、组织规模[③]、职业生涯管理[④]、薪酬满意度[⑤]等；个人因素包括性别、年龄、受教育程度等人口统计特征、入职前经历[①]等；组织与员工的关系因素包括主管和同事支持[⑥]、组织内的领导风格、管理沟通、内部社会网络[①]等。最后，从影响上看，组织支持感的高低将影响员工的工作态度、工作行为和工作绩效等。具体而言，高组织支持感能够显著提升员工

---

① EISENBERGER R, Stinglhamber F. Perceived organizational support: Fostering enthusiastic and productive employees[M]. Washington, D. C.: American Psychological Association, 2011: 25–60.

② 凌文辁，杨海军，方俐洛.企业员工的组织支持感 [J].心理学报，2006（2）：281–287.

③ RHOADES L, Eisenberger R. Perceived organizational support: A review of the literature[J]. Journal of applied psychology, 2002, 87(4): 698–714.

④ 任志娟，陶润生，胡中慧.组织职业生涯管理对知识型员工职业成长的影响——组织支持感的中介作用 [J].湖北文理学院学报，2018，39（5）：48–52.

⑤ 毕妍，蔡永红，蔡劲.薪酬满意度、组织支持和教师绩效的关系研究 [J].教育学报，2016，12（2）：81–88.

⑥ AHMED I, Nawaz M M. Antecedents and outcomes of perceived organizational support: A literature survey approach[J]. Journal of management development, 2015, 34(7): 867–880.

的工作满意度和组织承诺[1]，使员工更加愿意为组织付出努力[2]。而且，高组织支持感的员工往往表现出更高的工作绩效，以及更低的离职倾向和工作倦怠感[3]。然而，在高校环境中，早期学术研究人员对环境和支持的感知对其职业发展选择的影响还有待探讨。因此，本书选取环境感知和资源支持两个变量，分别探究对早期学术研究人员的职业选择和工作满意度的影响机制。

四、期望理论

期望理论（Expectancy Theory）由弗鲁姆（Vroom）提出，他认为，"个人的行为是由预期的结果或后果驱动的"[4]。期望理论的核心概念包括三个关键变量：期望（Expectancy）、效价（Valence）和工具性（Instrumentality）。期望指个体对付出努力能否成功完成任务的信念或预期概率。如果一个人相信自己努力工作就能提高业绩，那么他对这种努力的期望值就高。效价指个体对结果的价值感知。如果某项工作完成后能得到的奖励对个体来说很有价值，那么这项奖励的效价就高。工具性指个人对完成任务后能否获得奖励的信念。如果一个人相信达到工作目标就能得到奖励，那么这个奖励的工具性就强。基于这三个变量，Vroom 得出期望理论的公式为"动机 = 期望 × 效价 × 工具性"。换句话说，只有当个体认为付出努力（期望）能带来好结果，这个结果有价值（效价），并且完成工作能获得奖励（工具性）时，他们才会有强烈的动机去努力。最初，期望理论主要应用于企业管理、员工激励等方面，但随着理论研究的不断深入，其研究领域逐渐拓展。

将期望理论运用于早期学术研究人员的职业发展选择中，即想要提高早

---

① 王琪 . 高职院校教师组织支持感与工作满意度关系研究——职业适应的中介作用 [J]. 中国高教研究，2018，（9）：104-108.

② 李敏，黄怡 . 员工组织职业生涯管理感知对工作满意度的影响——组织支持感的中介作用 [J]. 中国人力资源开发，2013（17）：73-77.

③ 陈奕荣，魏扬帆，张澳环，等 . 组织支持感与特殊教育教师职业倦怠的关系：职业使命感的中介作用及职称的调节作用 [J]. 中国特殊教育，2023（5）：90-96.

④ VROOM V H. Work and motivation[M]. New York: Wiley, 1964.

期学术研究人员的职业发展动力，就要提高其对能够胜任工作的感知（期望）和能够获得的工作回报（效价）。唐平秋等人以高校智库研究人员为研究对象，发现高校智库研究人员所面临的困境主要源于组织目标期望、个人目标期望、个人效价等方面。[①]陈伟达等人提出，应通过制定合适的科研目标、适当的科研工作量、提高科研人员的期望水平、增强科研成果奖励的吸引力等方式，激发高校科研人员的动力。[②]从影响因素上看，期望的影响因素主要源自个体和环境两方面，包括婚育是否会影响博士后学术产出，学术环境能否帮助博士后培养学术能力，政策制度能否激励博士后长久地从事学术工作，导师支持是否对博士后起到正向激励作用，等等。效价的影响因素主要是资金支持、报酬等。因此，本书以期望理论为基础，旨在通过探讨期望和效价对个体内生动力的影响，增强早期学术研究人员就业积极性，指导高校或科研院所提高对早期学术研究人员的支持，提高早期学术研究人员职业发展的动力。

五、嵌入理论

早期的社会学研究表明，经济行为和社会关系是紧密交织的。波兰尼（Polanyi）首次提出"嵌入性"的概念认为，人类经济嵌入于经济与非经济的制度之中[③]。在此基础上，格兰诺维特（Granovetter）再次强调了嵌入的重要性[④]，提出经济行为发生在社会关系网络的互动中，并将嵌入关系分为关系嵌入和结构嵌入。关系嵌入是指主体行为嵌入与其直接互动的关系网，而关系网间的信任、尊重和认同等行为会对主体行为产生较大影响。结构嵌入则更侧重主体在更广阔的社会网络结构中的位置，即主体处于网络中的何种位

① 唐平秋，蒋晓飞. 基于期望理论的高校智库研究人员激励：困境与对策 [J]. 中国行政管理，2017（1）：63-66.

② 陈伟达，侯卫国. 激励理论在高校科研管理中的应用 [J]. 福建师范大学学报（哲学社会科学版），2006（5）：157-161.

③ POLANYI K. The great transformation: The political and economic origins of our time[M]. New York: Farrar & Rinehart, 1944.

④ GRANOVETTER M S. Economic Action and Social Structure：The Problem of Embeddedness [J]. American Journal of Sociology,1985,91(3):481-510.

置以及这些位置如何影响其行为。总的来说，关系嵌入和结构嵌入可以看作从两个不同方面对嵌入网络进行解构的变量。①Granovetter 的经典观点推动了嵌入理论的发展，经过诸多学者的研究，嵌入理论的应用不断拓展，广泛应用于社会学等研究领域。

在教育领域，嵌入理论主要作为一种方法论工具，来审视来自社会结构的文化、价值等因素对某个问题产生的影响。例如，严毛新从嵌入理论的视角审视当前在大学生创业教育中存在的问题。②刘胜男等人基于米切尔（Mitchell）等人提出的工作嵌入概念，从"牺牲、联系和匹配"3 种典型的"个体—组织"依附关系方面剖析了乡村教师离职行为的原因。③王峰等人从嵌入主体、嵌入客体、嵌入内容和嵌入途径等方面解构美国课外体育活动嵌入社会的动态过程，剖析美国课外体育活动的动力机制。④肖林等人借助祖金（Zukin）和迪马吉奥（Dimaggio）提出的嵌入框架，从结构嵌入、认知嵌入、文化嵌入和政治嵌入 4 个方面分析我国乡村教师培训的动力逻辑和问题。⑤鉴于嵌入理论已经形成相对完善的理论框架，而且 Granovetter 的观点较为经典且至今被广泛借鉴，本书选择关系嵌入和结构嵌入的分类，用于分析以博士后为代表的早期学术研究人员职业发展的影响因素。对于博士后而言，导生关系是其最直接互动的关系，导师支持显著影响博士后工作前景预期，因此将导师支持作为关系嵌入的测量指标。⑥结构嵌入则主要是工作场所的学术环

① 黄中伟，王宇露.关于经济行为的社会嵌入理论研究述评 [J].外国经济与管理，2007（12）：1-8.

② 严毛新.嵌入视角下推进大学生创业教育 [J]中国高教研究，2014（7）：75-80.

③ 刘胜男，赵新亮.新生代乡村教师缘何离职——组织嵌入理论视角的阐释 [J].教育发展研究，2017，37（Z2）：78-83.

④ 王峰，王岩，项建民，等.基于嵌入社会视角的美国课外体育活动运行模式研究——以佐治亚州 Athens-Clarke County 为例 [J].北京体育大学学报，2018，41（12）：55-63.

⑤ 肖林，郑智勇，宋乃庆.嵌入性理论视域下乡村教师培训动力机制探赜 [J].东北师大学报（哲学社会科学版），2022（4）：128-136.

⑥ 陈玥，张峰铭.导师支持、工作满意度与博士后职业前景——基于 Nature2020 全球博士后调查数据的中介效应分析 [J].中国高教研究，2022（8）：90-96.

境，具体而言有学术氛围、学术共同体和工作场所嵌入。因此，本书将学术氛围嵌入、学术共同体嵌入和工作场所嵌入作为结构嵌入的测量指标。

第三节　数据来源与基本描述

一、Nature 博士后调查数据

（一）数据来源

研究数据来源于《自然》杂志 2023 年全球博士后调查公开数据，这是《自然》杂志继 2020 年之后再次开展的全球性博士后调查。此次调查发布了英语、中文和西班牙语三种语言版本，涵盖了 93 个国家和地区，共收回 3838 份调查数据。样本涵盖农业和食品、天文学和行星科学、化学、社会科学等不同学科的博士后，调查内容涉及科学职业生涯发展情况、工作生活变化、可持续发展计划实施等 10 个方面。其中，男性 1809 人，2517 名博士后年龄处于 31—40 岁。在学科分布上，医科 2178 人，理科 933 人，工科 188 人，农科 173 人，文科 172 人。另外，2304 名博士后不在本国进行研究。各国高等教育发展水平不一，导致样本分布差异较大的情况出现，其中，欧洲 1712 人，北美和中美地区 1446 人。总体来看，样本覆盖地区广泛，包含学科全面，性别分布均衡，为研究提供了可靠的数据支持。根据各研究主题的不同需求，我们在具体分析中对数据进行了清洗与处理，包括剔除或处理缺失值与异常值，因此每章实际可用的样本数量略有不同。

（二）变量与测量方法

1. 职业选择

职业选择通过自我报告的未来职业发展规划进行测量。本次调查询问受访者"你打算在哪个领域发展你的职业生涯？"，此题目的选项为"学术领域"和"非学术领域"，选择结果代表博士后对未来从事学术职业的意愿。

2. 工作前景预期

工作前景预期选取问卷中"你对未来的工作前景预期感觉如何"进行测量，选项 1—5 分别代表从非常消极到非常积极。

3. 博士后工作满意度

调查对博士后的工作满意度依据对"你对目前的博士后工作满意吗？"这一问题的回答，受访者需要在 1—7 分之间选择，分别代表非常不满意到非常满意，分数越高表示受访者对工作越满意。

4. 学术职业社会化

博士后"学术职业能力"和"工作前景预期"的合成变量，反映了个体在学术环境中适应和发展的综合水平。

5. 学术职业能力

学术职业能力是问卷中"组织管理与领导能力""决策能力""个人成就感"以及"对个人成就的认可"的合成变量。变量均转化为李克特五级量表，受访者需要在 1—5 分之间选择，分别代表非常不满意到非常满意。

6. 科研意愿

科研意愿变量使用"你会建议你年轻时的自己从事科研工作吗？"这一问题进行表征。受访者需要在"是""否"和"不确定"之间选择。

7. 环境感知

受访者需要自我报告对工作环境的感知情况，环境感知量表包括 25 道题目，通过因子分析提取 4 个公因子，将博士后环境感知划分为 4 个维度。

维度 1：制度环境。测量个体所处工作环境制度建设成效、发展期待、文化氛围等，包括"从事有趣项目的机会""对工作的兴趣""成就感""同事关系""工作环境 / 场所安全感"等 10 个测量题目。

维度 2：组织环境。测量所处组织的服务与长期发展能力，包括"充分的心理健康支持""适宜的心理健康与福祉服务""上级支持服务水平""组织管理与领导水平""组织对多样化和包容性工作场所的承诺"5 个题目。

维度 3：生活环境。测量工作与生活的权衡与时间分配，包括"工作总时长""工作—生活平衡""长期加班文化""工作—生活平衡的组织支持水平""研究时长"5 个题目。

维度 4:支持环境。测量晋升空间及发展支持,包括"资金可用性""福利水平""薪资报酬""晋升机会""工作安全性"5 个题目。

上述 4 个维度涵盖的 25 个题目选项均使用李克特七点制,受访者需要在 1—7 分选择,分别代表非常不满意到非常满意。采用各维度题目分数的平均分表示各项环境感知的优劣,评分越高表示受访者对工作环境越满意。

8. 学术嵌入

学术嵌入以格兰诺维特的相关理论作为分类框架,选取导师支持代表关系嵌入,学术氛围嵌入、学术共同体嵌入和工作场所嵌入代表结构嵌入。导师支持包括"对导师沟通的满意度""对导师指导的满意度"以及"对导学关系的满意度"。学术氛围嵌入包括"个人独立的满意度""导师对成就的认可度""个人成就感"和"对工作的兴趣"。学术共同体嵌入包括"对项目的满意度""对资金可用性的满意度""对研究时间的满意度"和"对职业晋升机会的满意度"。工作场所嵌入包括"对学术培训和研讨机会的满意度""对工作场所的满意度""对工作场所的心理健康和福祉服务的满意度""对工作场所心理健康支持的满意度"和"对工作场所工作和生活平衡支持的满意度"。所选题目均为李克特七点量表,受访者需要在 1—7 分选择,分别代表非常不满意到非常满意。

9. 资源支持

导师支持维度包含 2 道题目,测量导师的指导沟通数量以及在需要支持服务时导师是否及时地满足需求,受访者自我报告对以下题目的满意度:"从上级 /PI 那里获得的指导和沟通的数量"和"我的经理 / 主管 /PI 对支持服务有很好的了解,并能在需要时指引我"。选项采用李克特七点制,1—7 分别代表非常不满意到非常满意。分数越高表示感知到的导师支持越好。

资金支持维度的测量内容是对薪酬的满意程度,受访者需要回答题目"考虑到你目前的博士后,你对以下薪水 / 报酬有多满意?",选项 1—7 分别代表非常不满意到非常满意，得分越高表示自我感知的资金支持越好。

组织支持维度包含 7 道题目，测量受访者对当前工作组织提供支持的满意度及认可程度，受访者需要自我报告以下题目："你在多大程度上同意或不同意以下陈述：我的工作场所 / 大学的心理健康和福祉服务适合并满足博士后的需求；我的工作场所提供充分的心理健康支持；我的工作场所支持良好的工作 / 生活平衡"；"考虑到你目前的博士后，你对以下内容有多满意：工作场所提供的培训和研讨会的机会；工作安全性；工作环境 / 工作场所的安全感；组织对多元化和包容性工作场所的承诺"。选项 1—7 分分别表示非常不满（同）意到非常满（同）意，各题得分均值代表组织支持的总体情况，均值越高表示感知到的组织支持越好。

职业发展支持维度包含 2 个题目，受访者需要回答"你对未来的工作前景感觉如何？"，1—5 分分别代表非常悲观到非常乐观；"考虑到你目前的博士后，你对以下职业晋升机会有多满意？"，1—7 分分别表示非常不满意到非常满意。上述两个题目得分越高表示受访者感知到的职业发展支持越好。

10. 自我效能感

自我效能感通过自我报告的对个体成就的认可程度进行测量，个体对所获成就认可的满意程度可以代表自我效能感的总体水平。受访者需要在 1—7 分选择，得分越高表示对个人成就感的认可越强，自我效能感越好。

11. 生育

受访者需要回答题目"在你目前的博士后期间，你是否成为父母 / 生了孩子？"，选项为"已生育"和"未生育"。

12. 生成式人工智能使用

生成式人工智能使用情况和生成式人工智能使用频率分别通过"你是否在工作中使用基于人工智能的'聊天机器人'，比如 ChatGPT?"和"你在工作中使用基于人工智能的'聊天机器人'的频率是多少？"进行表征。生成式人工智能使用情况的选项为"未使用过"和"使用过"，生成式人工智能使用频率的选项为"非每天使用"和"每天使用"。

二、访谈数据

访谈数据源自对多位早期学术研究人员的深入访谈，内容主要围绕他们当前的工作适应、心理健康状况等方面展开。在选取访谈对象时，采取质性研究中常用的目的性抽样（Purposeful Sampling），即抽取能够为研究问题提供最大信息量的人、场所和事件[①]，确保样本能够最大限度地反映不同性别、年龄、职称及学科背景下的早期学术研究人员的心理健康状况。最终，本次调查选取了不同性别、年龄、职称、学科的共 14 位青年科技人才作为访谈对象。受访者基本信息如表 1.2 所示。其中，男性有 6 人，女性有 8 人；7 人小于 30 岁，6 人在 31—35 岁之间，1 人大于 35 岁；12 人为讲师 / 初级研究员 / 助理研究员 / 助理教授，2 人为副教授 / 副研究员。

表 1.1　受访者基本信息

编号	性别	年龄（岁）	职称
01	男	31—35	讲师
02	女	31—35	助理教授
03	女	31—35	副研究员
04	女	小于 30	讲师
05	男	31—35	讲师
06	男	35—40	讲师
07	女	小于 30	讲师
08	女	小于 30	讲师
09	女	小于 30	讲师
10	女	小于 30	讲师
11	男	小于 30	讲师
12	男	31—35	副教授
13	男	31—35	初级研究员
14	女	小于 30	助理研究员

---

① 陈向明.旅居者和"外国人"：留美中国学生跨文化人际交往研究［M］.北京：教育科学出版社，2004：35.

确定受访对象后，研究者向每位受访者发送了访谈提纲和知情同意书，确保他们在充分了解研究目的、访谈内容及数据保护措施的前提下自愿参与，访谈提纲见附录2。研究者与受访者在确定时间后通过远程在线的方式进行了访谈。访谈过程持续45—60分钟，其间，研究者根据受访者的回答灵活调整访谈方向，深入挖掘其背后的原因。此外，在访谈结束后，研究者立即对收集到的数据进行了整理并转录为文字，用于后续分析。

第四节　本书结构

本书从博士后的职业选择出发，对早期学术研究人员的职业选择与发展进行深入研究，内容由浅入深、由表及里，按照从理论到实践的逻辑展开。首先，引言部分提出了本书的研究问题，奠定了本书的基本理论基础，确定研究的数据来源，并对数据进行基本描述。其次，基于研究理论基础，第二章到第六章分别选取不同变量，探究其对早期学术研究人员职业发展选择具体维度的影响机制，包括环境感知对早期学术研究人员职业选择的影响、学术嵌入对早期学术研究人员工作前景预期的影响、资源支持对早期学术研究人员工作满意度的影响、生育对早期学术研究人员学术职业社会化的影响、生成式人工智能对早期学术研究人员职业选择的影响等，运用的量化分析方法有差异性分析、相关性分析、回归分析、中介效应检验、倾向得分匹配等。此外，围绕早期学术研究人员成长过程中的精神健康问题，本书还运用质性研究方法，聚焦于焦虑和抑郁问题，探讨了早期学术研究人员的焦虑和抑郁状况及其影响因素。最后，综合量化分析和质性分析结果，对早期学术研究人员当前面临的职业发展困境与挑战进行总结，并对未来应如何促进及保障早期学术研究人员职业发展提出一系列政策建议，以期改善其工作体验，促进其职业的长期发展。

第二章　环境感知对早期学术研究人员职业选择的影响

　　作为早期学术研究人员，博士后在从事临时性科学研究过程中为终身职位做准备，在未来进入学术领域工作也是顺理成章的职业发展路径。[①] 不同于高校教师的长期性学术工作，博士后阶段的临时性和不稳定性也使得这一群体的职业选择意愿处于动态变化中，尤其近些年来，博士后在学术领域的流动倾向及流失率居高不下[②]：《自然》杂志在 2020 开展的博士后调查显示，超过一半（56%）的受访者对自己的职业前景持负面看法，不到一半的受访者会向年轻的自己推荐科研职业。[③] 来自美国的调查显示，生物医学博士后 10 年后获得终身教职的比例仅为 27.4%，有 35.1% 的人进入了企业工作。[④] 在澳大利亚，早期学术研究者也面临学术职业选择的困境，有近三分之一的

---

　　① 卫善春，顾希垚，杨升荣，等. 博士毕业生职业选择现况分析与对策探究——以上海交通大学为例 [J]. 学位与研究生教育，2021（11）：50-54.

　　② GUIDETTI G, CONVERSO D, DI FIORE T, et al. Cynicism and dedication to work in post-docs: relationships between individual job insecurity, job insecurity climate, and supervisor support [J]. European Journal of Higher Education,2022,12(2):134-152.

　　③ WOOLSTON C. Postdoc survey reveals disenchantment with working life [J]. Nature, 2020, 587(7834):505-509.

　　④ KAHN S, GINTHER D K. The impact of postdoctoral training on early careers in biomedicine [J]. Nature Biotechnology,2017,35(1):90-94.

人尝试到研究机构外另寻工作。[①] 越来越多博士后选择离开学术职业,背离了博士后设置的基本目标——为致力于投身学术研究的有志之士提供工作环境适应与过渡的机会。长远来看,初始学术职业道路的高度流动性会降低学术研究的吸引力,进而会破坏学术职业未来招聘能力的基础。[②] 博士后已在学术领域完成数年艰苦的学术训练,如果不能提升他们对学术职业的期待与选择意愿,将会加剧教育资源与国家投入的浪费。

事实上,博士后对学术职业选择的倾向很大程度受到内外环境的影响[③],近些年,激增的学术科研人数与学术职位数量之间的矛盾使博士后进入高校或科研机构从事长期学术科研工作的难度持续攀升,大环境下学术工作岗位越来越稀缺、工作挑战性增加会影响博士后的学术兴趣与热情,使他们在未来选择从事学术职业的概率下降。除了劳动力市场这一外部环境,工作内部环境同样是左右博士后是否选择进入学术岗位的重要条件,博士后职业决策的现实概念化需要将不断变化的工作环境与不断变化的知识结构与背景结合[④],工作环境的临时性带来的不安全感会影响博士后对未来学术工作的认知、情绪及评价,造成职业选择的变动。作为开展科研的基础,工作环境中缺少足够的发展机会及晋升空间可能会降低博士后对未来从事学术职业的信心与期待,从而对其学术职业选择造成阻滞。当越来越多高素质科研人员选择远离学术研究,会使国家科技进步、创新性发展的后劲不足。鉴于此,本章节从工作环境的视角切入,探索环境感知对博士后未来学术职业选择的影响。

---

① PETERSEN E B. Staying or going?: Australian early career researchers' narratives of academic work, exit options and coping strategies [J]. Australian Universities' Review,2011,53(2):34–42.

② ROACH M, SAUERMANN H. The declining interest in an academic career [J]. PLOS ONE, 2017, 12(9): e0184130.

③ SHEN W, XU D. Excellent Adventurers: An analysis of career choice and path of chinese postdoctoral researchers[J]. China Higher Education Research, 2021 (5): 70–78.

④ MCALPINE L, EMMIOĞLU E. Navigating careers: Perceptions of sciences doctoral students, post–PhD researchers and pre–tenure academics [J]. Studies in Higher Education, 2015, 40(10): 1770–1785.

第一节　学术职业选择的影响因素

在职业兴趣的形成、职业选择和学术 / 职业表现等研究领域，社会认知生涯理论（Social Cognitive Career Theory，SCCT）[①] 可以为博士后的学术职业选择倾向提供思考的角度。[②,③] 该理论来源于班杜拉的一般社会认知理论，对影响职业选择的因素及机制进行了深入分析，认为尽管社会、经济因素经常干预个体未来职业选择方向、水平及内容，但学术经历通常与个体未来职业相呼应，学术环境下培养的兴趣、技能等在理想情况下会转化为个体职业选择。[④] 高校、科研机构的长期学术经历占据博士后极长时期的人生，学术开展环境会被整合进未来学术职业选择的认知。在此基础之上，有研究关注到博士后群体面临的生存境遇问题，指出其存在的学术发展及学术独立的现实挑战：在国际比较视域下，全球博士后群体的学术发展存在权利与义务关系失衡、知识生产的劳动剥削与角色建构认同低 [④] 等问题。中国博士后群体的职业发展能力显著低于全球平均水平，性别、所在学科、博士后所在国家及学术职业意向不同的博士后的职业发展能力存在差异。[⑤] 有研究指出，尽管我

---

① LENT R W, BROWN S D, HACKETT G. Toward a unifying social cognitive theory of career and academic interest, choice, and performance [J]. Journal of vocational behavior, 1994, 45(1): 79–122.

② SCHAUB M, TOKAR D M. The role of personality and learning experiences in social cognitive career theory [J]. Journal of Vocational Behavior, 2005, 66(2): 304–325.

③ LENT R W, LOPEZ JR A M, LOPEZ F G, et al. Social cognitive career theory and the prediction of interests and choice goals in the computing disciplines [J]. Journal of Vocational Behavior, 2008, 73(1): 52–62.

④ 蒋贵友. 全球博士后学术发展困境的现实表征与生成机理 [J]. 比较教育研究, 2022, 44（3）: 69–77.

⑤ 赵祥辉, 张娟. 培养抑或使用：身份定位对博士后职业发展能力的影响——基于2020年 Nature 全球博士后调查数据的实证分析 [J]. 湖南师范大学教育科学学报, 2023, 22(1): 100–110.

国博士后的工作投入较高，职业前景较好，但存在绝对收入水平较低、工作兴趣和国际吸引力不足等突出问题，可能会影响其学术职业兴趣及职业坚持。[①]全球博士后普遍存在的学术职业发展问题会对工作满意度及长期的学术职业发展不利。[②]

博士后选择在未来从事学术职业往往是对所处工作环境的"无声的认可"，已有部分研究发现，学术环境的感知满意度会对博士后的学术职业选择与发展产生影响。[③] 来自工作环境的组织支持[④]、导师支持[⑤]、心理支持、资金支持[⑥,⑦]等会塑造博士后的学术环境信任，影响职业倦怠水平。通常情况下，苛刻的工作环境可能会降低博士后的学术职业热情[⑧]和学术职业认同[⑨,⑩]，还可能降低其继续从事学术工作的意愿。除此之外，学术研究过程中心理需求的满足程度对博士后职业选择影响重大，如有研究发现，博士后工作的临时性

① 刘霄，王世岳，赵世奎."蓄水池"还是"镀金店"：博士后制度的国际比较研究 [J].清华大学教育研究，2023，44（1）：111–121.

② 蒋贵友，郭志慭.博士后工作满意度及其影响因素的实证分析：基于《自然》全球博士后的调查数据 [J].科技管理研究，2022，42（12）：117-124.

③ 陈纯槿.博士后的学术职业流向及其内隐影响路径 [J].教育发展研究，2023，43（C1）：107-116.

④ 蔡剑桥，杨洋，张楚廷.疫情下的组织支持与全球博士后学术职业倦怠的关系研究——基于《自然》杂志2021年对全球博士后的调查数据 [J].中国人民大学教育学刊，2022（5）：43-60.

⑤ 肖灿.导师支持对博士后学术职业选择的影响研究——基于2020年Nature全球博士后调查的实证分析 [J].高教探索，2021（11）：51-59.

⑥ 赵慧，吴立保.资金支持如何影响博士后的学术职业发展——基于Nature全球博士后调查数据的实证分析 [J].研究生教育研究，2022（3）：8-16.

⑦ 刘霄，谢萍.新冠肺炎疫情背景下全球博士后的合作导师支持与博士后发展状况 [J].中国科技论坛，2022（4）：120-7+67.

⑧ DORENKAMP I, Süß S. Work–life conflict among young academics: Antecedents and gender effects[J]. European Journal of Higher Education, 2017, 7(4): 402–423.

⑨ 吴立保，赵慧.社会化视角下博士后学术职业认同及其影响因素——基于Nature全球博士后调查数据的实证分析 [J].中国高教研究，2021（11）：27-34.

⑩ 梁会青，李佳丽.组织系统对博士后学术职业认同的影响研究——基于Nature 2020年全球博士后调查的实证分析 [J].江苏高教，2022（2）：82-92.

使他们经常缺乏自主权①，产生边缘化的自我认知，对学术职业的发展极为不利。另外，碎片化职业道路导致的不安全感②、不确定学术研究能否带来成就感和满足感等因素也同样会在博士后选择职业的过程中被纳入考虑范围。尽管职业选择的影响因素众多且复杂，但可以从工作环境这一可塑方面着手，通过完善针对博士后的环境支持体系、强化其职业发展的环境保障，缓解博士后学术职业发展的压力，提高与改善其自我效能感、职业兴趣与目标、执行力与职业表现等③，构建起可持续发展的学术生态④。

在社会认知生涯理论中，个体背景（如性别、文化、社会经济地位等）不同的人群在同样的环境下可能产生差异化的认知，继而造成在职业选择意愿及倾向性方面的差异。一般来说，由于学科文化建构和学科知识特点的不同，人文社科类博士后更倾向于选择未来进入学术职业。同时，工科博士后数量及规模的膨胀更快，面临的学术职业竞争压力也更为显著⑤，可能会降低其未来选择学术职业的意愿。但另有研究与上述结论相悖，指出理工科博士后更容易获得来自导师、机构等方面的支持③，学术职业的认同感与成就感可能更强。一项来自荷兰的研究表明，未来职业发展的不确定因素影响博士后工作的环境体验与满意度，对于社会科学和人文科学的人来说更为明显。⑥随着学

① PETERSEN E B. Staying or going?: Australian early career researchers' narratives of academic work, exit options and coping strategies [J]. Australian Universities' Review, 2011, 53(2): 34–42.

② MCALPINE L. Fixed-term researchers in the social sciences: passionate investment, yet marginalizing experiences [J]. International Journal for Academic Development, 2010, 15(3): 229-240.

③ LENT R W, BROWN S D, HACKETT G. Toward a unifying social cognitive theory of career and academic interest, choice, and performance [J]. Journal of Vocational Behavior, 1994, 45(1): 79–122.

④ 王思懿. 科研主力军还是学术临时工：瑞士博士后多重角色冲突与发展困境 [J]. 比较教育研究，2022，44（2）：33–41.

⑤ 徐浩天，沈文钦. 博士后经历与职位获得——学术劳动力市场回报的净效应及其异质性 [J]. 2024（2）：19–28.

⑥ VAN DER WEIJDEN I, TEELKEN C, DE BOER M, et al. Career satisfaction of postdoctoral researchers in relation to their expectations for the future [J]. Higher Education, 2016, 72(1): 25–40.

科专业壁垒持续被打破，跨学科、交叉学科兴起，也可能冲击到不同学科的博士后群体的学术职业发展路径[①]，但缺少具体的实证证据。另外，性别和民族等人口统计学因素可能是影响博士后学术职业发展意愿的重要变量，来自美国的一项调查显示，不同社会背景的博士后在从事学术职业方面的兴趣整体呈下降趋势，且不同性别和族裔群体在变化的程度和时间上存在差异。[②]其他研究发现，尽管进入博士后工作的女性未来进入学术职业的意愿较高，但她们通常需要在组建、经营家庭与发展学术事业之间作出两难选择[③]，在处于终身学术职位[④]、获得精英大学学术职位[⑤]以及学术职业的坚持率[⑧]上相比于男性都呈现更低的水平。

　　总而言之，已有研究初步刻画了博士后群体的学术职业发展困境，并提出了对工作环境建设的需求，但也存在不足之处：一是很少以博士后的学术职业选择意愿为核心变量，绝大多数研究聚焦于博士后学术职业选择的现实结果，是否愿意从事学术职业与是否从事学术职业是两个截然不同的话题，前者是后者的基本条件；二是已有研究对工作环境的分析不够深入，多从单一的视角如组织支持、资金支持或导师支持解释其对环境影响的作用机制；三是在环境影响博士后职业选择的作用机制研究中常常会忽视个体背景造成的内部差异性。据此，本章节将包括制度与组织环境、资金及职业发展环境等在内的各个方面的总体感知纳入分析，将总体环境感知划分为不同的下属维度，基于社会认知生涯理论，探索博士后工作环境的总体感知及下属某一

———————————

　　① 赵慧，吴立保. 资金支持如何影响博士后的学术职业发展——基于 Nature 全球博士后调查数据的实证分析 [J]. 研究生教育研究，2022（3）：8–16.

　　② ROACH M, SAUERMANN H. The declining interest in an academic career [J]. PLOS ONE, 2017, 12(9): e0184130.

　　③ HEIJSTRA T M, O'CONNOR P, RAFNSD 6 TTIR G L. Explaining gender inequality in Iceland: what makes the difference? [J]. European Journal of Higher Education, 2013, 3(4): 324–341.

　　④ MCALPINE L. Fixed - term researchers in the social sciences: passionate investment, yet marginalizing experiences [J]. International Journal for Academic Development, 2010, 15(3): 229–240.

　　⑤ 赵颖，沈文钦，祝军，等. 巾帼不让须眉？——工科博士获得精英学术职位的性别差异研究 [J]. 华东师范大学学报（教育科学版），2023，41（5）：84.

具体环境感知与未来职业选择倾向的关系。研究者在研究中对不同性别、学科等人群进行分组探索，并创新性地对处于不同国家的博士后进行了差异研究，可以帮助相关部门针对少数、弱势人群提供更加具有针对性及有效性的学术职业发展支持。

第二节　早期学术研究人员的环境感知

一、工作环境的建设情况

根据描述性统计结果（表 2.1），博士后的制度环境感知得分最高，均值为 4.866，其次是生活环境感知得分 4.205 分，支持环境感知维度的得分在四个维度中最低，得分为 3.725 分。总体而言，博士后工作单位的制度环境与生活环境的总体建设水平较高，组织环境与支持环境发展有待改进。

表 2.1　变量构成及描述性统计结果

变量名称		变量说明	均值	标准差	最小值	最大值
职业选择		0= 非学术领域；1= 学术领域	0.637	0.481	0	1
环境感知	制度环境	1—7 分（1=非常不满意；7=非常满意）	4.866	1.257	1	7
	组织环境		3.838	1.469	1	7
	生活环境		4.205	1.368	1	7
	支持环境		3.725	1.334	1	7
性别		0= 性别女；1= 性别男	0.483	0.500	0	1
年龄		1—5（1=22—25 岁；2=26—30 岁；3=31—40 岁；4=41—50 岁；5=51—60 岁）	2.948	0.641	1	5
工作学科		1—12（1= 农业与食品；2= 天文与行星科学；3= 生物医学与临床科学；4= 化学；5= 计算机科学与数学；6= 生态学与进化；7= 工程学；8= 地质学与环境科学；9= 医疗保健；10= 其他科学相关领域；11= 物理学；12= 社会科学）	—	—	1	12
博士后工作地点		0= 在本国进行博士后研究；1= 不在本国进行博士后研究	0.612	0.487	0	1

二、环境感知与职业选择的相关性

环境感知与职业选择及相关变量的相关性分析结果如表2.2所示。首先，性别、年龄及博士后工作地点与职业选择显著相关（$p < 0.01$），男性、年龄越长、在本国开展研究工作的博士后更可能选择进入学术职业。其次，环境感知各个维度与职业选择显著正相关，工作环境越好、对环境感知越满意，越可能选择进入学术职业。具体来看，制度环境与职业选择的相关系数效应量更高（$p < 0.01$），生活环境与职业选择的相关系数效应量较小（$p < 0.05$）。除此之外，性别与组织环境（$p < 0.01$）、支持环境（$p < 0.05$）显著相关，男性对上述环境感知更好，对工作环境的评价更满意。年龄同样与环境感知显著相关（$p < 0.01$），具体表现为年龄越大，对四种环境的感知越差。最后，博士后工作地点与制度环境显著相关（$p < 0.01$），在本国进行博士后研究的人倾向于更满意所处的制度环境。

表2.2　环境感知与职业选择的相关性分析

变量	（1）	（2）	（3）	（4）	（5）	（6）	（7）	（8）
（1）职业选择	1	—	—	—	—	—	—	—
（2）制度环境	0.131***	1	—	—	—	—	—	—
（3）组织环境	0.074***	0.653***	1	—	—	—	—	—
（4）生活环境	0.041**	0.574***	0.54***	1	—	—	—	—
（5）支持环境	0.094***	0.573***	0.541***	0.518***	1	—	—	—
（6）性别	0.053***	0.016	0.085***	0.025	0.033**	1	—	—
（7）年龄	0.060***	-0.128***	-0.054***	-0.101***	-0.148***	0.045***	1	—
（8）博士后工作地点	-0.055***	-0.066***	0.026	0.003	-0.018	0.042**	-0.007	1

注：*$p < 0.1$，**$p < 0.05$，***$p < 0.01$。

三、不同类群的环境感知差异

表 2.3 呈现了差异性分析结果，性别、博士后工作地点及工作所属学科不同的博士后的环境感知可能存在差异。性别不同对环境的感知可能不同，男性对组织环境的感知优于女性（3.982 v.s. 3.733，$p < 0.01$）；同样，男性对支持环境的感知优于女性（3.780 v.s. 3.691，$p < 0.05$）。博士后工作地点在制度环境得分上存在显著性差异，在本国进行博士后研究的参与者对制度环境的感知更好（4.970 v.s. 4.800，$p < 0.01$）。

工作学科不同对组织环境、生活环境与支持环境的感知差异很大（$p < 0.01$），在组织环境维度，农业与食品（4.155）、工程学（4.099）、医疗保健（4.094）、计算机科学与数学（4.038）学科的博士后的感知更佳；在生活环境维度，生态学与进化（4.512）、社会科学（4.511）、计算机科学与数学（4.462）学科的感知更佳；在支持环境维度，计算机科学与数学（4.000）、社会科学（3.945）、工程学（3.897）学科对工作所处的感知更佳。综上，计算机科学与数学、工程学与社会科学的参与者更容易对所处工作环境有积极的评价。同样，需要重点关注评分较低的学科，如天文与行星科学学科的人在组织环境（3.627）和生活环境（4.077）评分较低，生物医学与临床科学学科的人在生活环境（4.079）和支持环境（3.634）维度评分较低，医疗保健学科的人在生活环境（4.162）与支持环境（3.740）上的评分同样较低，上述三个学科的博士后更可能对工作环境感知更差。

表 2.3　不同群组的环境感知差异

	变量	制度环境			组织环境			生活环境			支持环境		
		平均值	标准差	p值	平均值	标准差	p值	平均值	标准差	p值	平均值	标准差	p值
性别	女	4.857	0.029		3.733	0.034		4.182	0.031		3.691	0.030	
	男	4.897	0.030	0.341	3.982	0.035	0.000	4.249	0.032	0.137	3.780	0.032	0.044
博士后工作地点	在本国进行博士后研究	4.970	0.032		3.791	0.038		4.199	0.035		3.756	0.035	
	不在本国进行博士后研究	4.800	0.027	0.000	3.868	0.031	0.117	4.209	0.029	0.832	3.706	0.028	0.268
工作学科	农业与食品	4.868	1.369		4.155	1.538		4.382	1.261		3.773	1.382	
	天文与行星科学	4.825	1.321		3.627	1.648		4.077	1.499		3.765	1.383	
	生物医学与临床科学	4.820	1.251		3.758	1.450		4.079	1.354		3.634	1.323	
	化学	4.850	1.318		3.963	1.495		4.162	1.523		3.883	1.410	
	计算机科学与数学	5.076	1.259		4.038	1.479		4.462	1.264		4.000	1.351	
	生态学与进化	4.910	1.189	0.241	3.542	1.273	0.000	4.512	1.281	0.000	3.771	1.289	0.004
	工程学	4.955	1.380		4.099	1.591		4.196	1.513		3.897	1.474	
	地质学与环境科学	4.981	1.157		3.922	1.400		4.436	1.354		3.868	1.225	
	医疗保健	4.835	1.310		4.094	1.523		4.162	1.370		3.740	1.354	
	其他科学相关领域	4.876	1.241		3.952	1.541		4.369	1.323		3.656	1.320	
	物理学	4.838	1.290		3.782	1.525		4.351	1.332		3.840	1.297	
	社会科学	5.110	1.038		3.912	1.367		4.511	1.345		3.945	1.245	

四、环境感知对职业选择的预测作用

首先，环境感知对职业选择的预测作用显著，个体背景变量如性别、年龄、工作所在国家部分预测博士后职业选择（见表 2.4）。

模型 1 是制度环境感知与职业选择的回归模型，结果显示制度环境会显著预测博士后职业选择（OR=1.253，$p < 0.01$），具体来看，制度环境评分每增加 1 分，博士后选择进入学术职业的可能性会上升 25.3%，对制度环境感知更好更高的人更容易选择学术职业。另外，性别显著预测职业选择（OR=1.221，$p < 0.01$），男性更倾向于选择进入学术职业。年龄显著预测职业选择（OR=1.251，$p < 0.01$），年龄每提高 1 个单位，选择学术职业的可能性将增加 25.1%。另外，在本国开展博士后研究（$p < 0.1$）的学者更倾向于选择进入学术职业。

模型 2 是组织环境感知与职业选择的回归模型，结果显示组织环境会显著预测博士后的职业选择（OR=1.115，$p < 0.01$），组织环境评分每上升 1 分，选择进入学术职业的可能性将增加 11.5%，组织环境感知越好的博士后越可能选择学术职业。与模型 1 相似，男性（$p < 0.01$）、年龄较大（$p < 0.01$）的博士后更倾向于选择学术职业。另外，在本国开展博士后研究（$p < 0.05$）的学者更倾向于选择进入学术职业。

模型 3 是生活环境感知与职业选择的回归模型，结果显示生活环境显著预测博士后职业选择（OR=1.056，$p < 0.05$），生活环境评分每增加 1 分，选择进入学术职业的机会将会增加 5.6%，生活环境感知越好越可能选择学术职业。另外，男性（$p < 0.01$）、年龄较大（$p < 0.01$）、在本国进行研究工作（$p < 0.05$）的博士后更倾向于选择学术职业。

模型 4 是支持环境感知与职业选择的回归模型，结果显示支持环境显著预测博士后职业选择（OR=1.180，$p < 0.01$），表现为支持环境自评每增加 1 分，选择进入学术职业的概率将增加 18.0%，支持环境感知更好的博士后未来更可能选择学术职业。与模型 3 结果类似，男性（$p < 0.01$）、年龄较大（$p < 0.01$）、

在本国进行研究工作（p < 0.05）的博士后更倾向于选择学术职业。

模型 5 将制度环境感知、组织环境感知、生活环境感知和支持环境感知同时作为自变量纳入回归模型。其中，制度环境（OR=1.290，p < 0.01）与支持环境（OR=1.111，p < 0.01）依旧显著预测博士后进入学术职业，制度环境和支持环境感知越好，博士后选择从事学术职业概率越高。但是，在控制其他环境感知评分不变的情况下，生活环境感知越好反而会降低博士后进入学术职业的意愿（OR=0.892，p < 0.01）；组织环境对博士后的职业选择不存在显著预测作用。同样，男性（p < 0.01）、年龄较大（p < 0.01）的人更倾向于选择学术职业，但是博士后工作地点对职业选择没有预测作用。

表2.4　环境感知各维度与职业选择的回归分析

变量	模型一	模型二	模型三	模型四	模型五
制度环境	1.253*** （0.036）	—	—	—	1.290*** （0.054）
组织环境	—	1.115*** （0.027）	—	—	0.975 （0.034）
生活环境	—	—	1.056** （0.028）	—	0.892*** （0.031）
支持环境	—	—	—	1.180*** （0.032）	1.111*** （0.039）
性别	1.221*** （0.089）	1.209*** （0.088）	1.235*** （0.090）	1.228*** （0.090）	1.228*** （0.090）
年龄	1.251*** （0.075）	1.192*** （0.071）	1.183*** （0.070）	1.246*** （0.075）	1.272*** （0.077）
博士后工作地点	0.873* （0.066）	0.824** （0.062）	0.839** （0.063）	0.843** （0.063）	0.883 （0.067）
截距项	0.319 （0.125）	0.706 （0.263）	0.906 （0.341）	0.533 （0.201）	0.323 （0.129）
工作学科	是	是	是	是	是
居住地	是	是	是	是	是
观测值	3623	3623	3625	3622	3620
R^2	0.039	0.030	0.027	0.034	0.043

注：表格内为 OR 值，括号内为标准差，*p < 0.1，**p < 0.05，***p < 0.01。

其次，工科与理科博士后的制度环境与支持环境显著预测职业选择，文科博士后的环境感知对职业选择不存在预测作用。

进一步根据"工作学科"将部分样本划分到"理科、工科、文科"三个学科门类，并探索三个学科门类博士后的环境感知对职业选择影响的异同（见表2.5）。对于工科博士后而言，环境感知显著预测未来职业选择，具体表现在制度环境（OR=1.335，$p < 0.01$）评分每上升1分，选择从事学术职业的概率将增加33.5%；支持环境（OR=1.099，$p < 0.05$）评分每上升1分，选择进入学术职业的概率将增加9.9%。优越的制度环境与支持环境会鼓励工科博士后开展学术领域的工作。另外，男性（$p < 0.1$）、年龄较大（$p < 0.01$）、在本国从事博士后研究（$p < 0.05$）的博士后在未来选择学术职业的意愿更强。

环境感知对理科博士后的影响与工科博士后相似，制度环境与支持环境正向预测博士后进入学术职业，其中制度环境（OR=1.363，$p < 0.01$）评分每上升1分，选择进入学术职业的概率将增加36.3%；支持环境（OR=1.196，$p < 0.05$）评分每上升1分，选择进入学术职业的概率将增加19.6%。除此之外，其他因素对理科博士后的职业选择没有预测作用。

但是，对于文科的博士后而言，环境感知、性别、年龄、博士后工作地点均不能预测未来职业选择。

表2.5 工科、理科与文科博士后的环境感知与职业选择的关系

变量	工科	理科	文科
制度环境	1.335*** （0.068）	1.363*** （0.141）	0.706 （0.217）
组织环境	0.987 （0.043）	0.877 （0.078）	1.025 （0.212）
生活环境	0.883*** （0.038）	0.852* （0.071）	1.185 （0.218）
支持环境	1.099** （0.047）	1.196** （0.108）	1.266 （0.279）
性别	1.189* （0.107）	1.104 （0.203）	1.931 （0.899）

续表

变量	工科	理科	文科
年龄	1.329*** （0.106）	1.245 （0.184）	1.229 （0.421）
博士后工作地点	0.825** （0.079）	1.000 （0.191）	1.489 （0.649）
截距项	0.285 （0.134）	1.579 （1.973）	1.340 （2.248）
居住地	是	是	是
观测值	2229	631	152
R^2	0.033	0.042	0.054

注：表格内为 OR 值，括号内为标准差，*$p < 0.1$，**$p < 0.05$，***$p < 0.01$。

第三节　提高早期学术研究人员的环境满意度

一、环境感知与学术职业选择的关系

首先，样本博士后工作单位的制度环境与生活环境的总体建设水平较高，组织环境与支持环境发展相对不足。

组织环境包括充分的心理健康支持、适宜的心理健康与福祉服务、上级支持服务水平、组织管理与领导水平、组织对多样化和包容性工作场所的承诺，而支持环境包括资金可用性、福利水平、薪资报酬、晋升机会、工作安全性。上述环境的发展缺失与博士后群体供需结构失衡有关[1,2]，越来越多的学者选择进入博士后短暂过渡，导致博士后群体竞争压力增加、职业安全感降低、薪资待遇不合预期等问题。应当通过多种举措为早期的学术研究人员提供更加健康、稳定和支持性的职业发展环境，帮助他们在学术界或其他领

①　ÅKERLIND G. Postdoctoral researchers: Roles, functions and career prospects [J]. Higher Education Research & Development, 2005, 24: 21–40.

②　KINMAN G, COURT S. Psychosocial hazards in UK universities: Adopting a risk assessment approach [J]. Higher Education Quarterly, 2010, 64(4): 413–428.

域实现长期的职业发展。

其次，个体因素、工作环境因素与博士后是否选择学术职业具有显著相关性。

男性、年龄越长、在本国进行博士后研究的人更可能选择学术职业。男性在学术领域的职业选择、发展中往往比女性更具有优势[①,②]，而年龄较长的人群可能具有更多的学术成果产出，对于从事学术职业的预期也会更高。环境感知与博士后职业选择的显著相关也验证了社会认知生涯理论中环境因素对职业决策的重要性[③,④]。为了促进早期学术研究者的职业发展，教育和职业指导服务应当关注环境因素的积极作用，提供个性化的职业咨询和资源。同时，政策制定者应当创造有利于职业发展的政策环境，减少环境因素对个体职业选择的不利影响

再次，性别、博士后工作地点及工作所属学科不同的博士后的环境感知可能存在差异。

男性相较于女性在学术研究中的优势地位使其对环境状况更容易作出相对乐观的评价，在本国工作的博士后群体在文化适应等方面可能会优于非本国的研究者，因而环境感知更佳。计算机科学与数学、工程学与社会科学的学者更容易对所处工作环境有积极的评价，上述学科与科技、经济、政治的联系更为紧密，社会发展对学科领域内高水平研究人员的需求更为旺盛，博士后的培养已经形成相对成熟的制度体系，环境建设可能更好。需要注意的是，环境感知具有高度的主观性，在相同的客观条件下，不同个体的感知也可能

①　MCALPINE L. Fixed - term researchers in the social sciences: Passionate investment, yet marginalizing experiences [J]. International Journal for Academic Development, 2010, 15(3): 229–240.

②　HEIJSTRA T M, O'CONNOR P, RAFNSD ó TTIR G L. Explaining gender inequality in Iceland: What makes the difference? [J]. European Journal of Higher Education, 2013, 3(4): 324–341.

③　SCHAUB M, TOKAR D M. The role of personality and learning experiences in social cognitive career theory [J]. Journal of Vocational Behavior, 2005, 66(2): 304–325.

④　LENT R W, LOPEZ JR A M, LOPEZ F G, et al. Social cognitive career theory and the prediction of interests and choice goals in the computing disciplines [J]. Journal of Vocational Behavior, 2008, 73(1): 52–62.

存在显著差异。如个体的期望、价值观、以往的经历和个人目标等都会影响他们对工作环境的评价。基于此，学术机构和政策制定者应当考虑各种因素，创造一个包容、支持和公平的学术工作环境。

最后，制度环境、组织环境、生活环境与支持环境均能预测博士后的学术职业选择，上述预测作用存在显著的学科差异。

环境感知对学术职业选择的预测作用与先前的研究相一致。[①②③④⑤⑥] 研究发现，制度环境与支持环境对理工科博士后的学术职业选择的预测作用更明显。对于理工科群体而言，科研工作高度依赖环境支持，如导师指导、物质设施等，他们对薪资福利、发展空间、科研自主性要求更高，因而环境感知对后续的职业发展影响较大。对于文科的博士后而言，工作期间的学术资本积累，如发表论文、参与学术会议、建立学术网络等因素直接关系到他们在学术界的声誉和未来的职业机会，可能比工作环境的感知更为重要，因而研究结果也显示环境感知未能显著影响其以后是否选择学术职业。

当然，上述数据收集及处理过程存在一定的局限。首先，研究样本来源于《自然》期刊及数据库的相关订阅者，所获人文社科类博士后样本的代表性可能不足。其次，样本的国别分布差异较大，文化差异性造成的环境认知及职业选择也可能不同。最后，研究中对环境感知变量的测量以被访者自我报告的方式进行，尽管关注了博士后群体的个体感受，但可能不能代表相关

① PETERSEN E B. Staying or going?: Australian early career researchers' narratives of academic work, exit options and coping strategies [J]. Australian Universities' Review, 2011, 53(2): 34–42.

② 肖灿. 导师支持对博士后学术职业选择的影响研究——基于 2020 年 Nature 全球博士后调查的实证分析 [J]. 高教探索，2021（11）：51–59.

③ 赵慧，吴立保. 资金支持如何影响博士后的学术职业发展——基于 Nature 全球博士后调查数据的实证分析 [J]. 研究生教育研究，2022（3）：8–16.

④ DORENKAMP I, Süß S. Work–life conflict among young academics: Antecedents and gender effects [J]. European Journal of Higher Education, 2017, 7(4): 402–423.

⑤ ÅKERLIND G. Postdoctoral researchers: Roles, functions and career prospects [J]. Higher Education Research & Development, 2005, 24: 21–40.

⑥ KINMAN G, COURT S. Psychosocial hazards in UK universities: Adopting a risk assessment approach [J]. Higher Education Quarterly, 2010, 64(4): 413–428.

工作环境的实际建设情况。后续可以有针对性地设计及开发相关变量的测量方法，平衡不同国家、不同学科博士后受访者的数量，提高样本的代表性以及研究结论的可靠性。

二、早期学术研究人员的学术职业选择意愿有待提升

高素质科研人员在学术领域的流失可能会对科技进步、经济建设及社会发展造成消极影响，[1][2][3] 不利于科研工作者学术职业理想的实现与自我效能感的提升。提高博士后对工作环境感知满意度可以提升博士后学术职业选择意愿，提高科技人才人力资本的使用率，对于教育、科技、人才"三位一体"融合具有现实意义。

首先，持续优化与完善博士后制度、组织、生活与支持环境，提高博士后群体的学术热情与学术职业选择意愿。

对于工科博士后而言，要针对提升博士后制度环境、组织环境、生活环境与支持环境满意度开展政策与制度革新，以环境改善为突破口，增加高素质人才未来选择学术职业的意愿及可能性；对于人文社科类博士后而言，尽管工作环境感知不能预测其选择学术职业的意愿，但改善工作环境、增加工作支持也会对其工作满意、工作获得、工作幸福感等持续有益。因而，可以从多方面入手，改善博士后群体的生存环境。在制度环境层面，第一，持续提升博士后科研自主权与发展机会，提高其工作成就感、兴趣与学术热情，使其涵养学术品格、提升科研能力与自我效能。第二，畅通问题反馈渠道，促进博士后积极与上级沟通，鼓励、促进形成和谐的同事关系。在组织环境层面着重提升组织管理与领导水平，首先要加强心理健康支持，开展适宜的

① HORTA H. Holding a post-doctoral position before becoming a faculty member: Does it bring benefits for the scholarly enterprise? [J]. Higher Education, 2009, 58(5): 689-721.

② CASTELLÓ M, MCALPINE L, PYHÄLTÖ K. Spanish and UK post-PhD researchers: Writing perceptions, well-being and productivity [J]. Higher Education Research & Development, 2017, 36(6): 1108-1122.

③ 吴立保，赵慧. 社会化视角下博士后学术职业认同及其影响因素——基于 Nature 全球博士后调查数据的实证分析 [J]. 中国高教研究，2021（11）：27-34.

心理健康与福祉服务，运用人工智能的数字化检测与干预提高心理服务的成效[①]，促进博士后身心健康发展。第三，提高组织环境的包容度，营造、传播多元文化及包容的价值观，博士后研究机构在文化建设层面需要鼓励与促进国际化交流与合作，促进包容与理解。生活环境层面要形成长效性的考核与竞争机制，减少群体内部恶性竞争，对博士后平衡生活与工作给予支持，促进其兼顾家庭、学业与职业发展。在支持环境层面的物质支持对博士后学术职业选择作用重大，要长期、经常性开展工作与科研能力培训，提高博士后科研竞争实力。同时，持续提高薪资待遇，确保博士后人员获得足够的工资和就业福利，必要时提供及时的行政援助。

其次，关注博士后群体的内部异质性，以"人的全面发展"作为价值指引。

女性在学术职业的选择中往往会陷入"两难困境"，研究也证实女性对所在工作环境的评价更低，这种负面的认知可能会反映到其学术热情、学术认同上，长此以往也存在出现性别不公问题的风险。科研机构与组织要尽可能地为女性博士后搭建弥补性别弱势处境的政策与体制框架，在女性生育、家庭照看等方面做好人文关怀，在博士后科研考核、竞争体系改变"一刀切"的评价标准，提升女性对科研工作的环境感知满意度与工作期待。另外，在异国开展博士后研究的人群对工作环境的感知更差，他们可能会面临文化适应、人际交往、情感支持不足等困难，应当对国外研究者给予更多的关心与帮助，建议创建全校范围的博士后社区机构，定期开展多元化的学术交流活动、互帮互助活动，减少不同文化背景博士后的隔阂与孤立感。[②]除此之外，天文与行星科学学科、生物医学与临床科学学科、医疗保健学科的博士后对于环境感知的总体评价较低，基础型学科与应用型学科发展之间应当实现合理平衡，坚持以"人"为中心，学科发展规划应当持续照顾到人的环境感受，长远来看有利于实现学科内研究人员的持续再生产。

① 姜力铭，田雪涛，任萍，等.人工智能辅助下的心理健康新型测评[J].心理科学进展，2022, 30（1）：157-167.

② NERAD M, CERNY J. Postdoctoral patterns, career advancement, and problems [J]. Science, 1999, 285(5433): 1533-1535.

再次，亟须建立博士后长期发展的保障机制，促使博士后群体形成长期发展与服务于国家重大战略的择业就业观。

学术研究者体量的快速膨胀、学术工作碎片化的国际趋势[1][2]、博士后工作者自身职业认知的变化会对其未来职业选择产生影响，环境建设可能会改善博士后对未来从事学术领域工作的预期，但对劳动力市场大环境的影响甚微，当博士后群体对从事未来学术职业的期待提升，是否会预示着学术岗位供需矛盾的进一步激化？博士后似乎已经被困在自己的抱负和缺乏学术职业机会之间[3]，如何探索长久的保障机制，促进学术人才合适地进行社会安置应当是科研与社会可持续发展的重要课题。如科研机构与大学可以为博士后职业前景提供更加清晰和开放的信息与发展途径[3]，提供成为专业科研人士所需的技能培训，支持职业规划和求职活动的开展；或将教学和研究职能分开，创造新的角色，如"学习顾问"等[1]，增加拓宽博士后学术职业就业选择，提升群体内部的环境安全感与发展内驱力。

最后，优化博士后管理及研究机制，统筹实现专业、科学、全面的博士后管理与发展。

根据已有的研究结果，建议科研机构、大学建设负责博士后事务的专业管理机构[4]，对于博士后群体的环境改善、人员安置、政策制定、制度完善与长期发展等进行统一指导与规划。另外，针对博士后群体的研究也需要扩展深度与广度，在理论与实践层面能够为博士后学术职业选择及发展困境提供富有创造性的解决方案。不同国家、地域的教育、文化、经济背景差异悬殊，

①　MCALPINE L. Fixed - term researchers in the social sciences: Passionate investment, yet marginalizing experiences [J]. International Journal for Academic Development, 2010, 15(3): 229–240.

②　KRAUSE K–L. Interpreting changing academic roles and identities in higher education [M]// The routledge international handbook of higher education. Routledge. 2009: 413–426.

③　VAN DER WEIJDEN I, TEELKEN C, DE BOER M, et al. Career satisfaction of postdoctoral researchers in relation to their expectations for the future [J]. Higher Education, 2016, 72(1): 25–40.

④　NERAD M, CERNY J. Postdoctoral patterns, career advancement, and problems [J]. Science, 1999, 285(5433): 1533–5

相关改革与发展建议也应当结合区域文化、教育背景开展，我国博士后组织与管理组织应当在政策层面达成统一，以优化博士后工作环境、促进其科研能力提升与科技成果转化、促进博士后群体有效就业为目标，以服务于国家重大战略的长远眼光，持续引导、鼓励博士后教育的环境建设与长期发展。

第三章　学术嵌入对早期学术研究人员工作前景预期的影响

博士后的工作前景预期对博士后职业生涯规划十分重要。工作前景预期是个体根据所处环境对自身职业未来发展状况的感知，同时包括未来在行业内取得满意职位、晋升空间以及加薪的可能性和机会。[①] 博士后工作是迈向永久职位的临时岗位，对学术生涯的追求主导着博士后的职业梦想，大学和研究机构仍是博士后出站后的主要就业部门。但是由于大学和研究机构职位供给有限，从毕业到获得学术界永久职位需要较长的时间[②]，博士后群体人口庞大且不断增长，"僧多粥少"是当下博士后就业面临的困境之一。与此同时，博士后既不是学生，也不是稳定的教职工，而是"有期限"工作人员。美国国家科学学院以及经济合作与发展组织（OECD）等机构一直将博士后认作工作保障低、薪酬低、过度劳累、以不稳定的短期合同任命的职员。[③] 缺乏可

---

① WANG Q, WENG Q, MCELROY J C, et al. Organizational career growth and subsequent voice behavior: the role of affective commitment and gender[J]. Journal of Vocational Behavior, 2014, 84(3): 431–441.

② VAN ARENSBERGEN P, HESSELS L, VAN DER MEULEN B. Talent centraal[J]. Ontwikkeling en selectie van wetenschappers in Nederland, 2013.

③ WOOLSTON C. Postdoc survey reveals disenchantment with working life[J]. Nature, 2020, 587(7834): 505–509.

用职位和不确定的工作条件导致博士后工作前景不明朗[①]，进而难以全身心嵌入学术工作环境。

博士后工作前景与学术职业意愿、学术职业认同、学术环境等因素相关[②,③]，这也是学术嵌入的重要表现形式。博士后处于学术网络和社会关系相互连结的环境中。从嵌入角度而言，其与学术网络环境的嵌入为学术嵌入，是设站单位学术氛围、学术团体和科研建制的联合嵌入。嵌入水平与博士后学术能力培养紧密相关，其工作前景受到学术嵌入的制约和影响。学术嵌入是博士后具备良好工作前景预期的关键过程，从嵌入角度探究博士后工作前景具有较大的理论意义和研究价值，但当前有关博士后学术嵌入与工作前景的研究较少，对博士后学术嵌入水平也缺乏系统性的理论建构。博士后群体在服务国家经济社会发展和科研创新中担负主力军角色，高水平人才队伍建设的重要性和必要性更加突出，故此，探究博士后学术嵌入与工作前景预期的关系具有重要现实意义，有利于充分发挥博士后人才效能，夯实国家高质量发展人才支撑力量。

第一节　学术嵌入对早期学术研究人员工作前景预期影响的理论分析

根据维克托·弗鲁姆期望理论（Expectancy Theory），博士后渴望在学术界找到一份长久稳定的工作，预期的实现取决于环境因素和个人能力[④]，对

---

①　VAN DER WEIJDEN I, TEEKLKEN C, DE BOER M, et al. Career satisfaction of postdoctoral researchers in relation to their expectations for the future[J]. Higher Education, 2016, 72: 25-40.

②　吴立保，赵慧. 社会化视角下博士后学术职业认同及其影响因素——基于 Nature 全球博士后调查数据的实证分析 [J]. 中国高教研究，2021（11）：27-34.

③　郭仕豪，任可欣. 需求层次视角下的博士后学术职业意愿分析 [J]. 黑龙江高教研究，2023，41（6）：75-83.

④　VROOM V H. Work and motivation [M]. New York: Wiley, 1964.

于博士后而言，学术能力与能否找到一份好工作强相关，学术能力的强弱决定了其能否突破"科研围城"[①]，在"竞争性"资源分配的环境下获得求职优势，在"选择赢家"的高等教育政策下立于不败之地，极大程度影响他们的工作前景预期水平。学术能力弱的博士后更容易产生学术志趣消退的现象。[②]学术能力的强弱取决于工作场所的学术嵌入水平。另外，格兰诺维特嵌入理论（Embeddedness Theory）作为经典理论，广泛应用于嵌入关系的分析上。格兰诺维特将嵌入关系分为关系嵌入和结构嵌入进行分析。[③]对于博士后而言，导生关系是博士后最直接互动的关系。导师支持显著影响博士后工作前景预期，因此将导师支持作为关系嵌入。[④]结构嵌入是指主体所处的环境位置，主体行为嵌入在所处环境中进行分析。结构嵌入对于博士后而言主要是工作场所的学术环境，具体而言有学术氛围、学术共同体和工作场所嵌入。因此，本章纳入学术氛围嵌入、学术共同体嵌入和工作场所嵌入作为结构嵌入的测量指标。（见图 3.1）

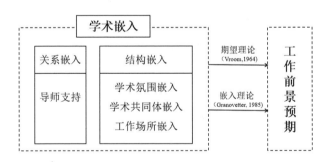

图 3.1　研究框架

①　马立超，姚昊. "双一流"建设高校博士后如何突破"科研围城"——博士后科研创新能力影响因素的实证研究［J］.湖南师范大学教育科学学报，2022，21（5）：68-79.

②　马立超.一流高校博士后管理制度实施成效、困境与优化路径——基于博士后个体视角的混合研究［J］.大学教育科学，2022（2）：54-63.

③　GRANOVETTER M S. Economic action and social structure：The problem of embeddedness [J]. American Journal of Sociology, 1985, 91(3)：481-510.

④　陈玥，张峰铭.导师支持、工作满意度与博士后职业前景——基于 Nature2020 全球博士后调查数据的中介效应分析［J］.中国高教研究，2022（8）：90-96.

一、关系嵌入与博士后工作前景预期

合作导师是博士后日常科研工作的学术负责人，领导科研团队对标上级组织量化指标体系、学科评估要求和管理评价体系。[①] 当前博士后关系嵌入现状不佳，合作导师指导存在"重使用、轻培养"问题，一方面可能是因为招收博士后的合作导师多为教授，其指导硕博研究生数量多、项目有限、精力有限，部分导师兼任行政工作，"双肩挑"现象普遍存在[②]，无法做到对博士后的充分指导。另一方面，导生关系缺乏明确的问责制度[③]，博士后入站后无法得到学术能力上的培养和学术资源上的支持，没有学术成果的博士后寸步难行，可能会挫伤其对未来从事学术工作的前景预期。[④]

关系嵌入较佳的博士后工作前景预期更为积极。如果合作导师对博士后工作负责，定期见面交流生活、学术上的问题，会对博士后工作前景产生积极影响。[⑤] 每周定期与合作导师进行沟通的博士后相较于不常与合作导师沟通的博士后而言，工作满意度更高，取得更多学术成果的可能性更大，工作前景预期也相对较好。[⑥] 合作导师的外部反馈也可以激发其产生积极情绪[⑦]，促发博士后长期的学术动力，帮助博士后了解自身的优点和不足，从而更好地

[①] 朱乐平. 高校师资博士后角色冲突：表征、归因与对策 [J]. 江苏高教，2024（4）：15–22.

[②] 李立国. 从高校之制到高校之治：高校治理新进展 [J]. 国家教育行政学院学报，2022（10）：10–13.

[③] 张洋磊，于晓卉."双一流"建设背景下博士后质量保障困境与治理策略 [J]. 中国高教研究，2021（7）：84–89.

[④] 马立超，姚昊. 学术评价如何影响博士后科研创新能力发展——基于42所"双一流"建设高校的实证调查 [J]. 湖南师范大学教育科学学报，2024，23（2）：97–108.

[⑤] SCAFFIDI A K, BERMAN J E. A positive postdoctoral experience is related to quality supervision and career mentoring, collaborations, networking and a nurturing research environment[J]. Higher Education, 2011, 62: 685–698.

[⑥] 汪传艳，任超. 博士后工作满意度影响因素的实证研究 [J]. 科技管理研究，2016，36（21）：41–46.

[⑦] MCALPINE L. Becoming a PI: From 'doing'to 'managing'research[J]. Teaching in Higher Education, 2016, 21(1): 49–63.

制定个人职业规划。良好的关系嵌入离不开设站单位系统的制度保障，设站单位将培养涵养于博士后劳动用工制度中，能有效减少"重使用、轻培养"现象。① 此外，明确导师职责，构建科学的激励与约束机制，不仅有利于提高博士后工作前景预期，更有利于设站单位人才团队的建设，进而提高科技创新综合实力，推动设站单位高质量建设和发展。②

二、结构嵌入与博士后工作前景预期

博士后工作前景与职业发展动态、个人职业独立性紧密相关。结构嵌入可以帮助博士后掌握学科发展前沿动态，提高学术敏锐度，方便博士后优化职业选择路线，提高其工作前景预期。学术氛围嵌入是结构嵌入要素之一，通常由学术面貌、学术精神和学术环境构成。学术氛围影响着设站单位科研工作者的学术水平、学术兴趣和学术伦理道德。③ 浓厚的学术氛围是博士后培养学术创新能力的关键因素。但在学术资本主义浪潮下，利益导向促使学术工作更加追求产出可量化和可衡量④，功利性学术氛围不仅不利于博士后学术能力的培养，更在一定程度上削减其学术热情和工作前景。学术阶级固化、圈子主义、论资排辈等学术衰颓现象⑤，也对博士后工作前景预期产生消极影响。在学术氛围资本化的环境下，健康积极的学术氛围对提高博士后工作前景发挥重要作用。健康的学术氛围是博士后进行学术工作的基础。博士后设站单位拥有健康积极的学术氛围能够激发博士后学术潜能，促使他们取得更

①　高建东．培养抑或用工：我国高校博士后制度的现实与反思［J］.河北师范大学学报（教育科学版），2020，22（4）：109–117.

②　刘岩．我国博士后人才培养机制的问题与思考［J］.中国人才，2020（10）：21–23.

③　TSAI C Y, HORNG J S, Liu C H, et al. Awakening student creativity: Empirical evidence in a learning environment context[J]. Journal of Hospitality, Leisure,Sport &Tourism Education, 2015, 17: 28–38.

④　FOCHLER M. Variants of epistemic capitalism: Knowledge production and the accumulation of worth in commercial biotechnology and the academic life sciences[J]. Science, Technology, Human Values, 2016, 41(5): 922–948.

⑤　蒋贵友．全球博士后学术发展困境的现实表征与生成机理［J］.比较教育研究，2022，44（3）：69–77.

多的学术成果，更容易在人才市场中取得更为稳定和长期的职位，其工作前景更为乐观。[①]

博士后工作前景与其所在学科生态建设密不可分，不同学科的博士后工作前景预期存在差异。[②]学术共同体嵌入在学科生态建设中发挥着不可替代的作用。库恩将学术共同体定义为一个有信念、有理论、有方法等标准的科学家的集团组成。[③]不同于传统的学术共同体定义，本章基于嵌入视角研究博士后学术共同体嵌入方式，更多地强调博士后对项目、资金、研究时间和晋升空间的满意度。这种嵌入方式不仅涵盖了博士后在学术网络中的位置和关系，更关注到他们在实际工作中的感受，有助于学者更好地从嵌入角度理解博士后工作前景预期影响因素。不同国家的研究表明，博士后学术共同体嵌入重点存在显著的地域差异。在澳大利亚，一流大学国际人才引进时更关注为博士后提供财政专项资金支持，培养其成为研究领导者的专业技能，帮助他们尽快进入学术"旺盛期"。[④]苏黎世联邦理工学院则通过设立博士后种子资金、国外访问资金、奖学金等资金支持，注重锻炼博士后独立研究能力，建立职业发展基础。[⑤]北欧四国的高等教育体系重点为博士后制定清晰明确的职业晋升制度，增加博士后职业安全感，帮助其取得更为清晰的职业发展前景。[⑥]因

---

① 赵祥辉，张娟.培养抑或使用：身份定位对博士后职业发展能力的影响——基于2020年Nature全球博士后调查数据的实证分析 [J].湖南师范大学教育科学学报，2023，22（1）：100-110.

② Kuhn T S. The Structure of scientific revolutions, 2nd edn.(1970)[J]. University of Chicago, Chicago, 1962.

③ 刘路.澳大利亚一流大学国际人才引进的经验与启示 [J].黑龙江高教研究，2023，41（4）：69-75.

④ 张新培.瑞士高校有组织科研的复杂面向及其机制响应——基于苏黎世联邦理工学院的案例分析 [J].国家教育行政学院学报，2022（12）：40-48.

⑤ 王思懿，姚荣.从学术信任到绩效导向的自主——北欧国家大学学术生涯系统的变革逻辑 [J].江苏高教，2023（3）：29-38

⑥ VAN DER WEIJDEN I, TEEKLKEN C, DE BOER M, et al. Career satisfaction of postdoctoral researchers in relation to their expectations for the future[J]. Higher Education, 2016, 72: 25-40.

此，学术共同体嵌入和持续积极的工作前景密切相关。

工作场所是博士后日常学术活动的环境载体。工作场所嵌入是指博士后设站单位对博士后学术研究和工作管理政策的嵌入。一方面，博士后参加学术活动交流机会相较于研究生阶段大幅下降，阻碍博士后对获得终身学术职位的追求。[①]设站单位提供学术活动交流机会能够提升博士后工作前景预期。[②]另一方面，博士后通常难以平衡工作与家庭需求，损害着博士后身心健康。[③]健康的心理状态是博士后在高压环境中可持续发展的关键因素。[④]联合国可持续发展目标中也指出，要重点关注年轻群体的身心健康福祉。博士后设站单位提供心理健康辅导以及人性化管理措施，能够帮助博士后从容应对消极情绪，维系工作和生活平衡，有效改善博士后工作前景预期。[⑤]

另外，博士后职业发展在性别[⑥]、年龄[⑦]、本国从事研究[⑧]存在显著群体差异。本章将其纳入控制变量，分析其对博士后工作前景预期的影响。总体来说，已有研究从各个方面为博士后工作前景预期提供了诸多研究思路，但已有研究中变量较为分散，缺少理论系统的综合研究，且缺乏学术嵌入角度的分析研究。本章基于期望理论和嵌入理论，综合以往研究，将学术嵌入分

①　陈玥，张峰铭.导师支持、工作满意度与博士后职业前景——基于 Nature2020 全球博士后调查数据的中介效应分析 [J].中国高教研究，2022（8）：90-96.

②　陈纯槿.博士后的学术职业流向及其内隐影响路径 [J].教育发展研究，2023，43（C1）：107-116.

③　郭妍，张海红，王霞.我院博士后科研工作站现状分析及其对策 [J].中国医院管理，2020，40（7）：76-78.

④　高晓清，杨洋.社会认知职业理论视角下博士后学术职业认同的影响因素研究 [J].大学教育科学，2022（4）：64-73.

⑤　王战军，娄枝，蔺跟荣.世界主要国家博士后教育发展指数研究 [J].学位与研究生教育，2020（8）：1-7.

⑥　陈玥，张峰铭.导师支持、工作满意度与博士后职业前景——基于 Nature2020 全球博士后调查数据的中介效应分析 [J].中国高教研究，2022（8）：90-96.

⑦　马银琦，毋磊，姚昊.谁更愿意从事博士后研究工作——科研自我效能理论和计划行为理论的实证分析 [J].高校教育管理，2024，18（3）：82-94.

⑧　刘洋溪，李立国，任钰欣.资源保存理论视角下博士后工作满意度的影响机制研究——基于 Nature 全球调查数据的实证分析 [J].国家教育行政学院学报，2023（4）：83-95.

为关系嵌入和结构嵌入，综合选择分析变量作为具体嵌入变量，系统剖析学术嵌入对博士后工作前景预期的多维影响，以期提升博士后人才培养质量。

第二节　学术嵌入与早期学术研究人员工作前景预期

一、学术嵌入与工作前景预期总体情况

总体而言，博士后工作前景预期整体不乐观，均值为 2.967，略低于中等水平（既不消极也不积极）。具体来说，对工作前景感到消极及非常消极的比例为 43.71%，既不消极也不积极的比例为 13.23%，积极和非常积极的比例为 43.06%，对工作前景感到消极和非常消极的人数略高于感到积极和非常积极的人数，博士后工作前景预期有待进一步提高。在自变量中，得分最高的是学术氛围嵌入，均值为 4.888，得分最低的是工作场所嵌入，均值为 4.042。

表 3.1 显示博士后工作前景预期与博士后导师支持、学术氛围嵌入、学术共同体嵌入和工作场所嵌入显著正相关（$p<0.01$）。根据科恩（Cohen）的研究，将相关系数 r 等于 0.1 作为小效应量，0.3 作为中等效应量以及 0.5 作为大效应量。[①] 基于此，博士后工作前景预期与博士后导师支持为小效应量（r=0.297），博士后工作前景预期与博士后学术氛围嵌入（r=0.372）、学术共同体嵌入（r=0.389）和工作场所嵌入（r=0.356）为中等效应量。博士后导师支持与博士后学术氛围嵌入（r=0.676）、学术共同体嵌入（r=0.556）、工作场所嵌入（r=0.646）为大效应量。综上所述，博士后工作前景预期与学术嵌入之间具有显著相关性，且效应量总体中等偏大。

[①]　COHEN J. Quantitative methods in psychology: A power primer[J]. Psychol. Bull., 1992, 112: 1155–1159.

表 3.1　相关性分析结果

变量	（1）	（2）	（3）	（4）	（5）
（1）工作前景预期	1	—	—	—	—
（2）导师支持	0.297***	1	—	—	—
（3）学术氛围嵌入	0.372***	0.676***	1	—	—
（4）学术共同体嵌入	0.389***	0.556***	0.651***	1	—
（5）工作场所嵌入	0.356***	0.646***	0.548***	0.597***	1

注：*** p<0.01，** p<0.05，* p<0.1。

二、不同学科之间学术嵌入与工作前景预期的关系

由于不同学科的学科属性各不相同,博士后工作前景预期存在差异,表3.2显示了不同学科之间的差异性分析。工科博士后在工作前景预期（3.358）和导师支持（4.726）得分较其他学科高,文科博士后学术氛围嵌入（5.306）、学术共同体嵌入（4.601）得分较其他学科高,农科博士后对工作场所嵌入满意度（4.248）得分较其他学科高。此外,工科、农科博士后的工作前景预期和对工作场所嵌入满意度均显著高于理科博士后。理科博士后学术氛围嵌入和学术共同体嵌入满意度显著高于医科博士后。文科博士后工作前景预期和学术氛围嵌入显著高于理科博士后。

表 3.2　不同学科之间的差异性分析

变量	类别	工作前景预期	关系嵌入	结构嵌入		
			导师支持	学术氛围嵌入	学术共同体嵌入	工作场所嵌入
所在学科	理科	2.914（0.000）	4.570（0.000）	4.938（0.000）	4.514（0.000）	3.992（0.000）
	工科	3.358（-0.443***）	4.726（-0.156）	5.019（-0.081）	4.523（-0.010）	4.239（-0.247**）
	农科	3.287（-0.373***）	4.686（-0.116）	4.932（0.006）	4.365（0.148）	4.248（-0.256**）
	医科	2.932（-0.017）	4.522（0.048）	4.820（0.119**）	4.331（0.183***）	4.017（-0.025）
	文科	3.112（-0.198*）	4.686（-0.116）	5.306（-0.367***）	4.601（-0.087）	4.118（-0.126）

注：*** p<0.01，** p<0.05，* p<0.1。表中括号外的数值为各个变量的均值,括号内为与参照变量均值的差异。

三、学术嵌入与工作前景预期的关系

（一）学术嵌入对博士后工作前景预期影响

首先对变量间是否存在共线性问题进行检验，考虑到共线性的问题，保留所在学科作为分类控制变量，研究发现模型方差膨胀因子均在 5 以下，表示变量间不存在严重的共线性问题。模型 1 到模型 5 基于全样本数据进行分析，模型 6 仅对样本为中国的博士后进行分析，得出回归结果（见表 3.3）。

模型 1 到模型 4 表示在纳入控制变量的情况下，博士后导师支持、学术氛围嵌入、学术共同体嵌入和工作场所嵌入分别对工作前景预期的影响。具体而言，博士后导师支持（$\beta = 0.234$，$p < 0.01$）、学术氛围嵌入（$\beta = 0.320$，$p < 0.01$）、学术共同体嵌入（$\beta = 0.356$，$p < 0.01$）和工作场所嵌入（$\beta = 0.311$，$p < 0.01$）显著正向影响博士后工作前景预期。在控制变量的情况下，博士后导师支持、学术氛围嵌入、学术共同体嵌入和工作场所嵌入每提升 1 个单位，博士后工作前景预期分别提升 0.234、0.320、0.356、0.311 个单位。

在模型 5 中，博士后导师支持与工作前景预期无显著关系（$\beta = -0.029$，$p > 0.1$），博士后学术氛围嵌入（$\beta = 0.148$，$p < 0.01$）、学术共同体嵌入（$\beta = 0.186$，$p < 0.01$）和工作场所嵌入（$\beta = 0.141$，$p < 0.01$）显著正向影响博士后工作前景预期，这意味着学术嵌入中结构嵌入三个变量均显著正向影响博士后工作前景预期。在控制变量的情况下，博士后学术氛围嵌入、学术共同体嵌入和工作场所嵌入每提升 1 个单位，博士后工作前景预期分别提升 0.148、0.186、0.141 个单位。其中，学术共同体嵌入对工作前景预期的影响最大。

在模型 6 中，研究选取中国博士后作为研究对象，回归结果发现，博士后导师支持（$\beta = 0.075$，$p > 0.1$）、学术氛围嵌入（$\beta = 0.223$，$p > 0.1$）和工作场所嵌入（$\beta = 0.083$，$p > 0.1$）对工作前景预期无显著影响。学术共同体嵌入（$\beta = 0.188$，$p < 0.1$）显著正向影响博士后工作前景预期。在控制变量的情况下，中国博士后学术共同体嵌入每提升 1 个单位，中国博士后工

作前景预期提升 0.188 个单位。与其他模型不同的是，在个体特征控制变量部分，男博士后的工作前景预期相较于女博士后更好（$\beta = 0.832$，$p < 0.01$），农科博士后相较于理科博士后的工作前景预期更好（$\beta = 1.108$，$p < 0.01$）。值得注意的是，来自中国的样本量仅有 88 人，样本量较少，代表性值得关注。

表3.3　回归分析结果

自变量	具体变量	模型 1	模型 2	模型 3	模型 4	模型 5	模型 6
学术嵌入（关系嵌入）	导师支持	0.234***	——	——	——	-0.029	0.075
学术嵌入（结构嵌入）	学术氛围嵌入	——	0.320***	——	——	0.148***	0.223
	学术共同体嵌入	——	——	0.356***	——	0.186***	0.188*
	工作场所嵌入	——	——	——	0.311***	0.141***	0.083
控制变量	性别（男）	0.024	0.039	0.027	0.012	0.018	0.832***
	年龄	-0.100***	-0.092***	-0.013	-0.095***	-0.031	-0.240
	所在学科（工科）	0.389***	0.396***	0.435***	0.356***	0.391***	0.311
	所在学科（农科）	0.310***	0.345***	0.329***	0.237**	0.291***	1.108*
	所在学科（医科）	0.043	0.065	0.097**	0.029	0.073	0.343
	所在学科（文科）	0.144	0.059	0.117	0.128	0.070	-0.124
	是否在本国进行研究（否）	-0.083**	-0.053	-0.115***	-0.133***	-0.101**	0.100
	所在洲	-0.057***	-0.051**	-0.098***	-0.059***	-0.072***	——
常数项		2.405	1.817	1.801	2.262	1.341	0.590
N		3315	3314	3315	3316	3313	88
R^2		0.104	0.153	0.171	0.142	0.206	0.513

注：*** $p<0.01$，** $p<0.05$，* $p<0.1$。性别以女性为参照，学科以理科为参照，是否在本国进行研究以是为参照。

（二）不同学科之间的比较分析

进一步探究不同学科之间博士后学术嵌入对工作前景预期的影响（见表 3.4），结果表明，不同学科的博士后群体工作前景预期的学术嵌入影响因素有共性，但也存在较大不同。其中，理科和医科博士后学术嵌入对工作前景预期的影响与整体回归结果相同，即学术嵌入中结构嵌入的变量均显著正向影响博士后工作前景预期，学术共同体嵌入仍然是首要影响因素。

不同的是，对于工科博士后，学术氛围嵌入对工作前景预期影响最大（$\beta = 0.298, p < 0.01$），工作场所嵌入也是显著正向影响因素（$\beta = 0.240, p < 0.01$），但学术共同体嵌入对其无显著影响。对农科博士后而言，学术共同体嵌入（$\beta = 0.212$，$p < 0.05$）和工作场所嵌入（$\beta = 0.224$，$p < 0.01$）显著正向影响工作前景预期。学术氛围嵌入（$\beta = 0.265$，$p < 0.01$）和工作场所嵌入（$\beta = 0.197$，$p < 0.05$）显著正向影响文科博士和工作前景预期。导师支持对不同学科的博士后工作前景预期均不显著，其原因可能是变量间效应量较小，在控制其他嵌入不变之后，关系嵌入的效应被掩盖。

表3.4 不同学科比较分析结果

自变量	具体变量	理科	工科	农科	医科	文科
学术嵌入（关系嵌入）	导师支持	-0.045	-0.003	-0.096	-0.018	-0.123
学术嵌入（结构嵌入）	学术氛围嵌入	0.178***	0.298***	0.065	0.137***	0.131
	学术共同体嵌入	0.184***	-0.024	0.212**	0.187***	0.265***
	工作场所嵌入	0.112***	0.240***	0.224*	0.143***	0.197**
控制变量	性别（男）	0.132*	-0.157	0.371**	-0.009	-0.599***
	年龄	-0.159***	-0.075	0.146	-0.002	-0.081
	是否在本国进行研究（否）	-0.179**	-0.254	-0.161	-0.040	-0.273
	所在洲	-0.057	-0.138**	-0.211***	-0.039	-0.126
常数项		1.694	1.987	1.685	1.161	1.552
N		842	172	160	1982	157
R^2		0.216	0.355	0.283	0.189	0.245

注：*** p<0.01，** p<0.05，* p<0.1。性别以女性为参照，学科以理科为参照，是否在本国进行研究以是为参照。

第二节　解析学术嵌入对早期学术研究人员工作前景 预期的影响

第一，博士后工作前景预期整体不乐观，关系嵌入得分较低，结构嵌入中工作场所嵌入得分较低。具体来说，博士后工作前景预期略低于中等水平（既不积极也不消极），近一半的博士后对工作前景的预期是非常消极和消极的。可能原因如下，一方面，近些年博士后人数逐年增加，短缺的高校岗位和激烈的同行竞争，导致博士后工作前景预期恶化。另一方面，相较于过去高学历意味着高收入、高地位，博士后处在向长久学术职业过渡的阶段，已经显现出低回报、高压力的状态，一定程度上削弱博士后追求学术工作的期望。关系嵌入得分相对较低，究其原因，当前博士后合作导师指导存在缺乏多样性、责任感不足、激励机制不健全等问题[①]，不仅极大降低了博士后工作前景预期，还对博士后的身心健康产生危害，亟须博士后设站单位改进博士后与合作导师之间的导学关系、责任体系和激励机制，规范合作导师指导制度。另外，博士后在结构嵌入中工作场所嵌入得分较低，值得重点关注。在本次调查中，27.72% 的博士后较满意设站单位提供的心理健康服务，21.91% 的博士后认为设站单位提供的心理健康满足他们的需求，41.56% 的博士后能做到工作与生活平衡。基于此，设站单位应积极提供满足博士后需求的心理健康服务，维系博士后心理健康福祉。

第二，学术嵌入中结构嵌入三个变量均显著正向影响博士后工作前景预期，学术共同体嵌入是首要影响因素。具体而言，博士后学术氛围嵌入、学术共同体嵌入和工作场所嵌入显著正向影响博士后工作前景预期。其中，学术共同体嵌入对工作前景预期的影响最大，工作场所嵌入影响最小。当前博

---

① 赵祥辉，张娟.培养抑或使用：身份定位对博士后职业发展能力的影响——基于 2020 年 Nature 全球博士后调查数据的实证分析 [J].湖南师范大学教育科学学报，2023，22（1）：100–110.

士后设站单位对博士后申报、开展项目配套措施支撑力强，从制度上保障了博士后顺利进行科研项目，有利于提高博士后工作前景预测。此外，在中国，男博士后、农科博士后的工作前景预期更好，可能是相较于女博士后的生育压力和年龄压力，男博士后更倾向于对学术地位、学术成果的追求，其抗压性和生活轨迹稳定性相较于女博士后更好。与此同时，中国历来重视农业农村问题，对于农科博士后的科研资金、设备支持和政策倾向等支持长期存在，农科博士后的科研成果可以显著带动农业高质量发展以及农业科技进步。值得注意的是，中国样本量较少，研究结论的代表性值得关注，未来将进一步开展对中国博士后工作前景预期的具体研究。

第三，不同学科博士后在工作前景预期和学术嵌入上呈现差异，工科博士后工作前景预期最高。在差异性分析中，工科博士后工作前景预期最好。相较于其他学科，工科博士后的研究具有较强的应用导向，从基础设施建设到前沿科技发展均占据重要地位，较其他学科工作机会多、薪酬待遇好、晋升空间大，促使工科博士后更愿意未来继续从事学术相关工作。在回归分析中，理科和医科博士后学术嵌入中的结构嵌入变量显著正向影响博士后工作前景预期，学术共同体嵌入仍然是首要影响因素。但各学科显著影响工作前景预期的因素各不相同。对工科博士后而言，加强学术氛围嵌入和工作场所嵌入能够显著提高其工作前景预期。对农科和文科博士后而言，强化学术共同体嵌入和工作场所嵌入能够有效改善其工作前景预期。导师支持对不同学科的博士后工作前景预期均不显著，其原因可能是变量间效应量较小，在未来的研究中将进一步完善研究设计。

第四节　提升早期学术研究人员工作前景预期

一、构建新时代新型博士后导学关系

当下，奉行"绩优主义"的部分高校将博士后视作提升高校排名的手段，

合作导师也将其作为"项目的廉价劳动力"，重使用轻培养，极容易导致博士后产生职业倦怠感，最终离开学术界。因此，构建新时代新型博士后导学关系显得尤为重要。首先，合作导师作为博士后学术领导人，应该明确博士后作为教职工的职业身份，这是构建新型导学关系的前提。新时代合作导师与博士后是相互独立又相互依存的学术个体，尊重博士后个体特征，鼓励博士后在项目中锻炼、发展科研能力，形成"相互尊重、共生互惠、合作共赢"的新型导学关系，能够有效改善博士后工作前景预期。其次，合作导师应该明确自我道德标准，坚守学术道德，重视对博士后个人能力的培养，多指导、多沟通，及时了解并积极干预博士后学业发展状况和身心健康情况，引导博士后继续从事学术职业，保障建设教育强国战略布署的长效发展。最后，博士后设站单位应该进一步完善导师支持结构体系，一方面，应将合作导师与博士后的发展合理捆绑，采取捆绑考核制度，导师与学生同进退、共担当，做到"优绩优酬，强化激励"[①]，激励导师支持博士后发展。另一方面，博士后设站单位可以通过设置学业指导老师、职业发展规划导师、心理健康咨询导师等多方面、全方位提高博士后的个人整体能力，使其可以适应工作环境的激烈竞争，保证身心健康，有效发挥博士后人才效能，为国家发展作贡献。

二、调整组织管理规章制度保障学术共同体嵌入

"内卷"化的就业环境和水涨船高的任职要求，促使博士后亟须产出高质量的科研成果从而强化自身求职优势。首先，博士后设站单位、中国博士后科学基金会应增加对博士后的基金资助，解决博士后的经济压力。同样，设站单位应加强完善科研项目管理办法，为博士后开展学术研究提供资金、服务、设施等方面支持，保证博士后科研项目的顺利开展。项目资金是博士后深耕科研的保障，对博士后提供资金支持可以有效减少他们的后顾之忧。其次，设站单位应强化引导博士后从事学术职业发展的需求，使需求与动机

①　彭贤杰，阮文洁，樊秀娣．德国高校对不同阶段教授激励策略的价值导向探究——基于德国 W 体系薪酬分配制度的分析 [J].外国教育研究，2024，51（2）：79-93.

强相关，制定更清晰、更可预测的职业晋升通道，推动学术生涯标准化，鼓励博士后毕业后留校任职，发挥博士后人才效能。设站单位应尽可能提供更多的学术交流机会，帮助博士后及时了解学科前沿动态，发挥博士后人才效能，进一步推动工作场所嵌入水平。最后，博士后设站单位应重点关注博士后心理健康问题，完善心理健康服务基础设施，利用数字化手段定期检测博士后心理健康状态，根据博士后身心健康状态和职业发展需求制定人性化的管理措施，帮助博士后平衡工作与生活的关系。

三、关注学科差异化需求继而优化发展路线

教育强国建设以学科建设发展为基础，但学术资本化导致资源向学术生产力更高的学科不断倾斜，学科发展出现"马太效应"，促使不同学科博士后工作前景预期差异较大。针对这一现象，博士后设站单位应该有重点、分类别、分系统地实施博士后人才培养制度。设站单位应关注学科理念和学科文化，重视学科间差异性。针对不同学科领域的特点和发展需求，设站单位应建立不同的学科发展规划和评价制度体系，对"卡脖子"学科和弱势学科的博士后，博士后设站单位应提供更多的资源支持，建立专业导师团队，推动学科创新发展、交叉发展，实现学科间的资源共享和优势互补。同时，设站单位应将优势学科建设纳入设站单位发展规划，在跨学科、跨院校的博士后人才流动管理制度下，提高学科人才选聘质量，建设优势学科高水平人才队伍，加快推动科研成果转化，将创新成果应用于强国建设。此外，优化学科发展路线应站在"历史与未来"的交汇点，顺应国家发展规划，加快我国高等教育由"大"到"强"的发展路线，科学审慎规划学科专业设置，做好国家发展所需的基础专业博士后人才储备工作，同时为学科发展的新技术、新产业、新业态、新模式培养新兴学科博士后人才。

第四章　资源支持对早期学术研究人员工作满意度的影响

近些年来，科研人员数量持续增加，学术职业的竞争日益加剧，博士后的职业发展前景并不明朗，临时性的工作性质又使他们在工作环境中处于尴尬的境地，相较于高校教师更难获得组织机构的支持与帮助，加剧了他们的生存困境，表现之一在于博士后群体的工作满意度并不乐观：有调查显示，中国博士后群体的工作满意度处于一般水平[①]。来自美国的调查同样指出22％的博士后对所处工作不满意[②]，博士后在职业发展方面缺少足够的工作支持，其中，低廉的薪酬造成了其强烈的被剥削的主观体验，降低了对工作满意度的评价[③]，持续的不满和挫败感可能损害博士后的职业认同感和自我价值感，影响他们的心理健康和社会福祉。长远来看，如果早期学术研究者的基本需求得不到满足，其学术创新动力和研究热情就可能受到抑制，从而影响学术界的活力和竞争力。[④]

---

① 蒋贵友，郭志懋. 博士后工作满意度及其影响因素的实证分析：基于《自然》全球博士后的调查数据 [J]. 科技管理研究，2022，42（12）：117-124.

② DAVIS G. Doctors without orders: highlights of the Sigma Xi postdoc survey [J]. American Scientist, 2005, 93(3), S1-S1.

③ YADAV A, SEALS C D, SULLIVAN C M S, et al. The forgotten scholar: Underrepresented minority postdoc experiences in STEM fields [J]. Educational Studies, 2020, 56(2): 160-185.

④ DORENKAMP I, Süß S. Work-life conflict among young academics: Antecedents and gender effects [J]. European Journal of Higher Education, 2017, 7(4): 402-423.

工作满意度通常指个体对所处工作环境的认知，是为实现工作目标而产生的积极情绪状态。[①] 作为管理学和经济学研究中提高工作绩效难以避免的关键领域，满意度的提高将显著提升工作绩效、减少员工离职、提高组织凝聚力等。在学术领域，博士后的工作满意度是一个关键因素，不仅关系到早期学术工作者的日常情绪和工作状态，而且对整个学术生态的健康发展具有深远的影响。提高博士后的工作满意度，能够帮助他们建立起积极的工作情绪，持续激发他们的工作热情，使他们更加乐于投入研究工作。博士后研究人员感到满意时，更有可能在学术探索中采取主动态度，勇于尝试新的方法和思路，从而促进创新点的形成。这种积极的工作情绪还有助于他们在面对研究中的挑战和压力时保持韧性，持续推动研究项目的进展。除此之外，对工作的积极认知可能渗透到日常生活中，对博士后的身心健康、社会关系等方面产生广泛的影响，因而持续性改善博士后的工作和生存满意度、幸福感是保障科研人才持续生产与供给的长效性举措。

作为一项主观体验，工作满意度的高低必然与价值观念、认知水平、情绪状态等个体因素紧密相关，上述因素构成了个体对工作环境和工作内容的内在评价标准，影响着他们对工作的情感反应和认知评估。一个与个人价值观相符、能够满足其认知需求并带来积极情绪体验的工作环境，往往能够激发员工的工作热情和创造力，从而提高其工作满意度。除此之外，工作满意度与工作环境的总体建设情况密切相关。这包括但不限于工作的物质条件、组织文化、管理风格、同事关系、职业发展机会等外部因素。一个安全、健康、公正且具有激励性的工作环境，能够为员工提供必要的支持和资源，帮助他们实现个人目标和职业发展，从而提升工作满意度。尤其是对那些强依赖于工作环境、组织的职业来说，强支持的环境会增加工作者积极的情绪体验。有调查显示，85%的博士后都希望未来从事学术职业，但只有少于3%的人

---

① LOCKE E A. What is job satisfaction? [J]. Organizational Behavior and Human Performance, 1969, 4(4): 309–336.

获得了终身职位，^①学术职业竞争的压力持续增加，资源获得的难度也持续上升。对于科研工作者来说，薪酬等物质资源会影响其对工作满意度的评价，但对工作自主性、独立性、成就感、满足感等需求的满足是研究者职业发展的重要动力，这也对组织环境的资源支持提出了更高的要求。基于此，本章节将从资源支持的多视角出发，探索不同的资源支持类型、水平对博士后工作满意度的影响，并进一步理解其中的作用机制，为改善博士后的生存境遇、提升工作满意度水平提供实证证据与建议。

第一节　早期学术研究人员工作满意度的影响因素

工作需求－资源理论通常用以检验工作需求、职业倦怠和工作绩效之间的关系，其中对工作资源的解释与分析可以为探索博士后的工作资源支持与工作满意度之间的关系提供理论支撑。根据该理论，工作条件可以分为工作需求和工作资源两类^②。工作需求指工作中精力的消耗，包括工作压力、情感需求等方面；工作资源则指工作环境中对实现工作目标的支撑，包括自主性、环境支持、社会支持等因素。从资源视角来看，以心理资本如自我效能感、职业期望、心理弹性和乐观度等为代表的个体资源以及以社会支持为代表的社会工作资源构成工作资源的两大方面，上述两大资源是工作动机的最强刺激因素，当工作资源能够支撑工作需求时，会显著提高工作成效。对博士后而言，工作资源如组织提供的对能力发展多样性的支持、薪酬等物质资源、导师指导等是科研工作开展的重要条件，丰富且多样的资源保障更有利于他们实现科研目标与职业理想，这对于包括自我效能感、职业期望等在内的个体资源的提升也有极大帮助，进而能有效改善博士后的工作情感及心理状态，

①　VAN DER WEIJDEN I, TEELKEN C, DE BOER BOER M, et al. Career satisfaction of postdoctoral researchers in relation to their expectations for the future [J]. Higher Education, 2016, 72(1): 25–40.

②　DEMEROUTI E, BAKKER A B, NACHREINER F, et al. The job demands–resources model of burnout [J]. Journal of Applied psychology, 2001, 86(3), 499–512.

并可能对其对工作的满意度评价产生影响。

博士后所在单位的资源支持对其科研工作开展的重要性不言而喻。"内卷"化环境下，研究人员的过度劳动可能降低工作体验感[①]，而工作支持会有效促进博士后的学术职业发展[②]，促进其调节工作情绪。在诸多探究资源支持的影响及作用机制的研究中，导师支持相关研究最多，如有研究发现，获得导师的帮助、鼓励和尊重会提高博士后在工作场所安全感及保障，促进其增加工作投入及提高对工作的积极情感。[③]针对全球博士后开展的研究发现，导师支持与工作满意度、博士后职业前景均显著正相关，工作满意度是导师支持与职业前景关系的中介变量。[④]其他研究发现，导师支持是影响博士后工作满意度及学术成果的关键，导师的知识、指导技能及导生沟通关系影响博士后未来的发展[⑤]，导师指导风格也影响博士后获得学术与非学术支持的机会。[⑥]总而言之，博士后所在单位提供的资源支持，尤其是导师的支持，对博士后的工作满意度、职业发展和学术成果具有深远的影响。为了促进博士后的学术成长和职业成功，有必要加强单位对博士后的资源投入，特别是提升导师的指导质量和支持力度。通过优化导师支持体系，可以有效地提升博士后的工作体验，激发他们的工作热情，促进其学术职业的顺利发展。

除此之外，其他研究也零散提及不同的资源支持对博士后工作开展及工

---

① 杨婧，王欣，杨河清."内卷化"视角下科研人员过度劳动问题研究：以高校教师为例 [J].中国人力资源开发，2024，41（4）：109-124.

② 陈建，赵轶然，陈晨，等.社会排斥对生活满意度的影响研究：社会自我效能感与社会支持的作用 [J].管理评论，2018，30（9）：256-267.

③ GLORIA C T, STEINHARDT M A. The direct and mediating roles of positive emotions on work engagement among postdoctoral fellows [J]. Studies in Higher Education, 2017, 42(12): 2216-2228.

④ 陈玥，张峰铭.导师支持、工作满意度与博士后职业前景——基于 Nature2020 全球博士后调查数据的中介效应分析 [J].中国高教研究，2022，38（8）：90-96.

⑤ MCGEE R. Biomedical Workforce Diversity: The Context for Mentoring to Develop Talents and Foster Success Within the "Pipeline" [J]. AIDS and Behavior, 2012, 20(2): 231-237.

⑥ 刘霄，谢萍.新冠肺炎疫情背景下全球博士后的合作导师支持与博士后发展状况.中国科技论坛 [J].2022，38（4）：120-127+167.

作满意度的重要影响，如一项针对美国的博士后的调查发现，薪酬及福利等物质资源会影响博士后对学术环境的信任或依赖，筹资困难会削弱其学术开展的动机与执行力。[①] 来自工作单位的组织支持如研究条件、培训机会、心理健康服务等会对会改善博士后的生存境遇与情绪问题。[②] 另外，对发展前景及工作机会的悲观情绪与工作的不安全感会削弱博士后对工作的积极评价，而增加相关的资源倾斜与组织保障可以促进博士后职业选择的多样化，缓解其心理压力。[③,④] 已有研究发现，组织对员工职业发展进行的资源投入可以提高其工作效率，并增加工作者的心理收入，能有效提高其工作中的幸福感等积极情绪。[⑤] 此外，个体背景不同（如性别、工作年限等）的博士后在对待工作资源的认知与态度方面可能存在差异，价值观、认知能力等主观因素也是造成工作评价异质性的重要原因。[⑥] 如有研究证实，相较于男性，女性博士后对工作的满意度明显更低，对工作环境的归属感也更低。[⑦]

　　博士后在工作中往往需要保证科研的独立与自主[⑧]，这离不开工作环境给予的资源支持与包容。而缺少科研自主权会打压博士后的工作信心与学术

① 赵慧，吴立保. 资金支持如何影响博士后的学术职业发展——基于 Nature 全球博士后调查数据的实证分析 [J]. 研究生教育研究，2022，37（3）：8-16.

② DAVIS G. Doctors without orders: highlights of the Sigma Xi postdoc survey [J]. American Scientist, 2005, 93(3), S1-S1.

③ ÅKERLIND G. Postdoctoral Researchers: Roles, Functions and Career Prospects [J]. Higher Education Research & Development, 2005, 24(1): 21-40.

④ KINMAN G, COURT S. Psychosocial hazards in UK universities: Adopting a risk assessment approach [J]. Higher Education Quarterly, 2010, 64(4): 413-428.

⑤ 李秀凤，刘美婷，郭书玉，等. 员工–组织双赢：发展型人力资源管理实践的影响及其作用机制 [J]. 中国人力资源开发，2023，40（9）：104-118.

⑥ 蒋贵友，郭志慜. 博士后工作满意度及其影响因素的实证分析：基于《自然》全球博士后的调查数据 [J]. 科技管理研究，2022，42（12）：117-124.

⑦ MOORS A C, MALLEY J E, STEWART A J. My Family Matters: Gender and perceived support for family commitments and satisfaction in academia among postdocs and faculty in STEMM and Non-STEMM fields [J]. Psychology of Women Quarterly, 2014, 38(4): 460-474.

⑧ PETERSEN E B. Staying or going?: Australian early career researchers' narratives of academic work, exit options and coping strategies [J]. Australian Universities' Review, 2011, 53(2): 34-42.

热情，降低其工作与研究的积极性，削弱个体的自我效能感。根据班杜拉的自我效能理论，自我效能感是工作满意度的有力预测因素，并且与个人成就关系紧密。[①] 当个体自我效能感增强时，对完成某项任务也更有信心，对自身的成就及能力的认可也更强。[②] 有研究发现，在影响博士后学术坚持的诸多变量中，个体的成就感与满足感是关键性因素，[⑥] 也就是说，博士后学术职业发展离不开成就的获得以及对自我能力的认可，因而离不开所在单位的组织环境建设、资源支持与分配等。实证研究也指出，组织支持通过个人成就感与博士后工作满意度间接相关，工作兴趣在其中发挥着调节作用。[③] 上述研究为我们探索资源支持影响博士后工作满意度的作用机制提供了新思路，即资源支持可以通过增加博士后的工作成果来提高他们对自身成就与能力的认可，通过增强自我效能感的方式影响其对科研过程的情绪评价即工作满意度。[④]

总而言之，既有研究粗略描绘了资源支持对博士后学术职业发展以及工作满意度的重要性，但存在以下不足：第一，对于资源支持欠缺系统性的研究，大部分研究关注导师支持的影响及机制，但对其他类型资源支持的探索数量很少；第二，综观已有文献，仅有一项研究探索了个人成就感在博士后组织支持与工作满意度关系中的中介作用，但该研究对资源支持的界定过于狭窄，并且未得到其他实证研究的支持，可能因为研究样本及方法等原因产生偏差，研究结论有待进一步检验；第三，已有文献不能够与时俱进地开拓新视角，尤其是随着时间的推移，博士后面临激烈的社会环境变化，但对于博士后职

① CAPRARA G V, BARBARANELLI C, STECA P, et al. Teachers' self-efficacy beliefs as determinants of job satisfaction and students' academic achievement: A study at the school level [J]. Journal of School Psychology, 2006, 44(6): 473–490.

② BANDURA A. Self-efficacy: Toward a unifying theory of behavioral change [J]. Psychological Review, 1977, 84(2): 191–215.

③ TIAN Y, GUO Y. How does organisational support improve job satisfaction? A moderated mediation analysis based on evidence from a global survey [J]. Journal of Psychology in Africa, 2023, 33(2): 138–143.

④ KIM Y. Music therapists' job satisfaction, collective self-esteem, and burnout [J]. Arts in Psychotherapy, 2012, 39(1): 66–71.

业发展的资源支持的研究很少。

第二节　资源支持与早期学术研究人员的工作满意度

一、资源支持与工作满意度的总体情况

受访博士后对工作满意度总体较高（4.427），但不同的资源支持呈现较大差异（见表4.1）。导师支持的指导沟通数量（4.642）、组织支持（4.119）水平相对较高；职业发展支持维度下的晋升机会（3.582）、导师支持维度下的指导需求及时满足（3.682）水平较低。博士后对薪酬（3.737）、工作前景（2.967）的态度也相对消极。总体来看，博士后对工作资源支持的需求没有得到充分满足，博士后机构除组织支持水平较高，导师支持、资金支持相对缺乏，职业发展支持最为欠缺。

表 4.1　变量说明及描述性统计

变量名称		变量说明	均值	标准差	最小值	最大值
博士后对工作环境的满意度		1—7 分（1= 非常不满意；7= 非常满意）	4.427	1.686	1	7
导师支持	指导沟通数量	1—7 分（1= 非常不满意；7= 非常满意）	4.642	2.045	1	7
	指导需求及时满足	1—7 分（1= 非常不同意；7= 非常同意）	3.682	1.983	1	7
资金支持		1—7 分（1= 非常不满意；7= 非常满意）	3.737	1.896	1	7
组织支持		1—7 分（1= 非常不满（同）意；7= 非常满（同）意）	4.119	1.283	1	7
职业发展支持	工作前景	1—5 分（1= 非常悲观；5= 非常乐观）	2.967	1.210	1	5
	晋升机会	1—7 分（1= 非常不满意；7= 非常满意）	3.582	1.898	1	7
性别		0= 性别女；1= 性别男	0.483	0.500	0	1
年龄		1—5（1= 22—25 岁；2=26—30 岁；3= 31—40 岁；4= 41—50 岁；5=51—60 岁）	——	——	1	5

续表

变量名称	变量说明	均值	标准差	最小值	最大值
工作学科	1—12（1=农业与食品；2=天文与行星科学；3=生物医学与临床科学；4=化学；5=计算机科学与数学；6=生态学与进化；7=工程学；8=地质学与环境科学；9=医疗保健；10=其他科学相关领域；11=物理学；12=社会科学）	—	—	1	12
博士后工作地点	0=在本国进行博士后研究；1=不在本国进行博士后研究	0.612	0.487	0	1

二、资源支持与工作满意度的关系

（一）资源支持对博士后工作满意度的影响

运用回归分析研究博士后导师支持、资金支持、组织支持、职业发展支持对工作满意度的预测作用，结果见表4.2。模型1检验导师支持对博士后工作满意度的影响，结果显示，导师的指导沟通数量（$\beta = 0.355$，$p < 0.01$）、博士后的指导需求是否得到及时的满足（$\beta = 0.178$，$p < 0.01$）可以正向预测工作环境的满意度。指导沟通数量越多、指导需求满足得越及时，博士后对工作的满意度越高。年龄负向预测工作满意度（$\beta = -0.100$，$p < 0.05$），即年龄越小的博士后对工作的满意度越高。在本国开展博士后研究的人工作满意度更高（$\beta = -0.125$，$p < 0.05$）。

模型2检验资金支持对博士后工作满意度的影响，结果显示，资金支持显著正向预测博士后工作满意度（$\beta = 0.400$，$p < 0.01$），即资金支持越高，博士后工作满意度越高。性别（$\beta = 0.118$，$p < 0.05$）、年龄（$\beta = -0.203$，$p < 0.01$）、博士后工作地点（$\beta = -0.143$，$p < 0.01$）同样预测工作满意度，男性、年龄越小、在本国开展研究的博士后工作满意度更高。

模型3检验组织支持对博士后工作满意度的影响，结果显示，组织支持显著正向预测博士后的工作满意度（$\beta = 0.754$，$p < 0.01$），组织支持越强，博士后的工作满意度越高。与模型1结果类似，年龄越小（$\beta = -0.122$，$p < 0.05$）、

在本国开展博士后研究的人工作满意度更高（$\beta = -0.133$，$p < 0.01$）。

模型 4 检验职业发展支持对博士后工作满意度的影响，结果显示，工作前景（$\beta = 0.260$，$p < 0.01$）与晋升机会（$\beta = 0.399$，$p < 0.01$）均正向预测工作满意度。工作前景越好、晋升机会越充足，博士后对工作的满意度越高。在本国开展博士后研究的人工作满意度更高（$\beta = -0.170$，$p < 0.01$）。

模型 5 是资源支持对工作满意度总体影响的检验模型，结果发现四种支持均正向预测博士后的工作满意度。指导沟通数量越多（$\beta = 0.245$，$p < 0.01$）、指导需求满足得越及时（$\beta = 0.030$，$p < 0.05$），博士后对工作的满意度越高；资金支持越高（$\beta = 0.208$，$p < 0.01$）、组织支持越强（$\beta = 0.233$，$p < 0.01$）的博士后工作满意度越高；工作前景越好（$\beta = 0.155$，$p < 0.01$）、晋升机会越充足（$\beta = 0.158$，$p < 0.01$）的博士后工作满意度越高。同样，在本国工作的博士后对工作更满意（$\beta = -0.131$，$p < 0.01$）。

模型 6 分析中国的博士后情况，样本数量较少，仅 91 人。结果发现，对于中国的博士后而言，资金支持、组织支持、职业发展支持可以正向预测工作满意度。具体来说，资金支持越高（$\beta = 0.241$，$p < 0.05$）、组织支持越强（$\beta = 0.289$，$p < 0.1$）、工作前景越好（$\beta = 0.220$，$p < 0.1$）、晋升机会越充足（$\beta = 0.301$，$p < 0.01$）的博士后对工作越满意。在控制了其他支持的情况下，导师支持虽正向影响工作满意度，但是在中国情境下对工作满意度的影响并不显著（$p > 0.1$）。

综上，在控制其他变量情况下，导师支持、资金支持、组织支持、职业发展支持均能正向预测博士后的工作满意度，资源支持对博士后工作满意度有正向影响。

表4.2 工作满意度的线性回归结果

变量		模型1	模型2	模型3	模型4	模型5	模型6
导师支持	指导沟通数量	0.355***	—	—	—	0.245***	0.068
		（0.015）	—	—	—	（0.014）	（0.103）
	指导需求满足	0.178***	—	—	—	0.030**	0.035
		（0.016）	—	—	—	（0.015）	（0.080）
资金支持		—	0.400***	—	—	0.208***	0.241**
		—	（0.014）	—	—	（0.014）	（0.103）
组织支持		—	—	0.754***	—	0.233***	0.289*
		—	—	（0.018）	—	（0.027）	（0.158）
职业发展支持	工作前景	—	—	—	0.260***	0.155***	0.220*
		—	—	—	（0.024）	（0.022）	（0.125）
	晋升机会	—	—	—	0.399***	0.158***	0.301***
		—	—	—	（0.015）	（0.016）	（0.093）
性别 （0.050）		−0.040	0.118**	−0.035	0.043	−0.012	−0.414
		（0.050）	（0.052）	（0.047）	（0.049）	（0.044）	（0.276）
年龄 （0.039）		−0.100**	−0.203***	−0.122***	−0.062	0.010	−0.073
		（0.039）	（0.042）	（0.037）	（0.039）	（0.036）	（0.223）
变量		−0.125**	−0.143***	−0.133***	−0.170***	−0.131***	−0.519*
博士后工作地点 （0.051）		（0.051）	（0.052）	（0.048）	（0.050）	（0.044）	（0.295）
		2.119***	3.460***	1.471***	1.999***	0.031	0.195
截距项 （0.246）		（0.246）	（0.241）	（0.227）	（0.243）	（0.236）	（0.958）
		是	是	是	是	是	是
工作学科		是	是	是	是	是	是
居住地		3235	3602	3613	3456	3094	91
观测值		0.355	0.217	0.356	0.337	0.536	0.742
R^2		0.355	0.217	0.356	0.337	0.536	0.742

注：*** $p<0.01$，** $p<0.05$，* $p<0.1$，表格内为回归系数，括号内为稳健标准误。

三、自我效能感在资源支持与工作满意度中的中介作用

运用 Bootstrap（自抽样）方法检验自我效能感在资源支持与工作满意度之间的中介作用，结果如表 4.3 所示。首先，直接效应检验显示导师支持、资金支持、组织支持以及职业发展支持均能够直接正向预测工作满意度（$p < 0.01$），上述维度的标准化估计系数均大于 0，95％置信区间均不包含0，表明导师支持、资金支持、组织支持以及职业发展支持情况越好，博士后对自身工作环境越满意。

将自我效能感纳入分析，显示导师的指导沟通及指导需求满足情况经自我效能感介导的非直接效应预估值分别为 0.105（$p < 0.01$）、0.040（$p < 0.01$），95％置信区间均不包括 0，说明在导师支持影响工作满意度的路径中，博士后的自我效能感起到显著的中介作用。自我效能感在资金支持对工作满意度路径中介导的非直接效应预估值为 0.069（$p < 0.01$），95％置信区间均不包含 0，在组织支持对工作满意度影响路径中介导的非直接效应预估值为 0.147（$p < 0.01$），95％置信区间同样不包含 0，说明资金支持与组织支持对工作满意度的正向预测作用部分通过提高自我效能感的方式实现。在职业发展支持维度，工作前景通过个人成就感介导的非直接效应预估值为 0.040（$p < 0.01$），晋升机会通过个人成就感介导的非直接效应预计值为 0.122（$p < 0.01$），上述维度 95％置信区间均不包含 0，表明自我效能感在职业发展支持与工作满意度的关系中起到显著的中介作用。

综上，自我效能感部分中介了博士后的资源支持与工作满意度的关系。导师支持、资金支持、组织支持及职业发展支持对工作满意度均有直接的正向影响，并通过自我效能感介导的间接效应得到进一步强化。因此，可以通过促进自我效能感的方式提高博士后工作满意度。

表 4.3　自我效能感的中介效应

路径		估计值	95%置信区间		估计标准误
			低	高	
	直接效应				
导师支持	指导沟通数量→工作满意度	0.323	0.287	0.360	17.067
	指导需求满足→工作满意度	0.184	0.146	0.214	10.481
	非直接效应				
	指导沟通数量→自我效能感→工作满意度	0.105	0.087	0.124	11.124
	指导需求满足→自我效能感→工作满意度	0.040	0.031	0.052	7.374
资金支持	直接效应				
	资金支持→工作满意度	0.329	0.298	0.359	21.074
	非直接效应				
	资金支持→自我效能感→工作满意度	0.069	0.052	0.087	7.837
组织支持	直接效应				
	组织支持→工作满意度	0.352	0.317	0.387	19.627
	非直接效应				
	组织支持→自我效能感→工作满意度	0.147	0.127	0.166	14.824
职业发展支持	直接效应				
	工作前景→工作满意度	0.230	0.196	0.264	13.113
	晋升机会→工作满意度	0.170	0.138	0.202	10.418
	非直接效应				
	工作前景→自我效能感→工作满意度	0.040	0.026	0.055	5.515
	晋升机会→自我效能感→工作满意度	0.122	0.106	0.138	14.922

第三节　提高早期学术研究人员的工作满意度

一、资源支持如何影响早期学术研究人员

首先，博士后工作满意度整体评分较高，但所处机构的资源支持水平存在较大的差异。组织支持的水平相对较高，职业发展支持最为不足。这可能

与博士后群体的学术职业发展期待以及高度竞争化的学术劳动力市场相关。博士后群体在当下的学术职业发展中面临较大的压力，一方面，学术研究者数量持续增加导致学术劳动力市场逐渐向"买方市场"偏移；另一方面，博士后工作性质的临时性可能会增加他们的工作不安全感，加剧对未来学术职业发展的担忧，因而对职业发展支持的需求远超过其他层面。而博士后在工作机构的"边缘化身份"可能会使他们的资金支持、导师支持少于具有学术声望的科研者。博士后对工作资源支持的需求并没有得到充分的满足，大学及研究机构需要在这些领域采取具体措施，以改善博士后的工作满意度和职业发展环境。

其次，导师支持、资金支持、组织支持及职业发展支持均能正向预测博士后的工作满意度。对于中国博士后而言，导师支持对工作满意度的影响并不显著。上述资源支持水平越高，博士后对工作越满意，该结论证实了工作需求－资源理论中工作资源对工作满意度的影响，同时证实博士后对工作的情感、认知是多方资源支持因素共同作用的结果，大学及科研机构可以通过提高各种资源支持的水平来提升博士后群体的工作满意度。但导师支持对工作满意度的预测作用在中国博士后样本中不显著，可能因为样本量较小而产生的偏差，也可能与中国传统教育及师生文化相关，在中国传统教育体系中，师生关系往往更为等级化，学生可能更倾向于接受导师的指导和建议，而不是主动寻求反馈和支持。这种文化背景可能影响了博士后对导师支持的感知和评价，从而在一定程度上削弱了导师支持对工作满意度的正向影响。在本国进行博士后研究的人具有更高的工作满意度，因而要持续关注非本国博士后研究者的工作体验与情绪状态。

最后，自我效能感介导了四种资源支持对博士后工作满意度的正向影响。工作资源的增加会提升博士后的工作投入度，提升工作绩效，增加个人成果并提高对自身成就的认可，使他们对工作作出更加满意的认知与评价。对于大学和科研机构而言，增加对博士后的资源支持是提升其工作满意度的重要途径。然而，仅仅增加资源投入是不够的，机构还需要深入理解增加资源投入的原因和价值，明确资源投入如何通过提升自我效能感来增强工作满意度，以及资源投入对工作绩效的具体作用机制。这需要研究机构进行细致的规划和设计，确保资源投入能够精准地满足博士后的需求，激发他们的工作潜力。最终通过合理配置资源、激发博士后的自我效能感，机构可以有效地提升博士后的工作满意度，促进其个人成长和科研事业的繁荣。

二、多主体参与提高早期学术研究人员的工作满意度

工作满意度是影响博士后工作体验、工作投入、科研成果产出的重要非认知因素之一，与科研能力、知识水平等认知因素共同作用于科研工作的全过程，因而对博士后及所在研究机构意义重大。从国家战略视角来看，博士后的绩效及培养质量是一国人力资本的重要组成，也是我国新质生产力发展的关键所在。技术进步与社会转型发展离不开关键的"人"这一核心要素，博士后的培养与发展理应获得更多的资源支持与政策倾斜。本书对博士后培养的可持续发展提出如下建议。

第一，以导师支持、资金支持、组织支持为抓手，持续增加对博士后群体的资源支持投入，提高其工作满意度。

本章论证了资源支持对促进博士后长期发展的价值，大学以及研究机构可以从资源投入的角度开辟提高博士后培养质量的新路径。首先，尽管博士后的指导数量较为充足，但指导需求的满足不够及时。在这一方面，我们鼓励研究者与教师积极培育、形成良好的导生关系，建议导师转变传统的师生理念，积极对博士后学生开展合作性指导，不仅在专业知识与科学研究方面培养早期学术研究人员，还要在未来职业发展及社会责任等非学术领域及时地给予指导与帮助[1]；另外，工作单位需要完善博士后需求满足的及时性反应机制，尤其要畅通反馈渠道，助力博士后群体及时反馈资源需求，及时解决博士后在导师指导沟通层面的需要。其次，研究结果发现，博士后群体的物

---

① 刘霄，谢萍. 新冠肺炎疫情背景下全球博士后的合作导师支持与博士后发展状况. 中国科技论坛［J］. 2022，38（4）：120–127+167.

质资源支持也相对不足，在这一层面，要合理提高博士后薪资福利，如提高医疗保险、健康福利和退休金等待遇，为其生活提供基本的保障；在科研项目资金的申请及划拨方面可以适当向博士后群体倾斜，解决因资金不足造成的科研停摆的窘境。再次，尽管样本的组织支持水平最高，但组织支持包括心理健康支持、工作 / 生活平衡支持、工作环境 / 工作场所的安全感，组织的多元化和包容性等，是科研机构长期稳定发展的重点，因而需要持续增加相关投入，例如：结合人工智能技术更新心理健康和福祉服务，提供灵活的工作时间，弹性的休假政策；在人员安置层面，合理制定博士后评价与考核指标，提高他们对工作场所的安全感。最后，科研机构及单位尽可能丰富博士后学术职业发展的机会，提高他们的职业乐观度以及前景判断。

第二，关注博士后职业发展支持的迫切需求，多方面提高博士后学术职业竞争力，促进其形成对就业前景的积极评价。

学术劳动力市场竞争激烈已成为不争的事实，职业发展道路的前景不够广阔及晋升机会的缺乏造成博士后群体学术热情与信心的消退。研究结果显示，样本所在单位的职业发展支持最为不足，与博士后强烈的职业发展需要矛盾突出。高校及研究机构应当在博士后的就业前景及晋升机会两大方面为博士后的职业发展给予支持与保障，并在博士后学术职业坚持层面增强其环境安全感。[①] 在就业前景层面，可以培养博士后的一般性就业能力，拓宽其就业路径，增加其就业机会，如提供专门的职业发展培训课程以提高博士后群体领导力、交际技巧以及学术职业之外通用的一般性职业技能，促进博士后社会适应性的提高；应当积极搭建起不同行业和不同领域的交流平台，帮助博士后拓宽视野，扩大人脉圈，增加博士后的职业选择方向。在晋升机会上，一方面可以合理制定博士及博士后扩招的规模，减少因供需失衡造成的晋升压力过大；另一方面应当鼓励民主化、科学化的晋升指标与评价体系建设，一定程度可以减少博士后对晋升体系的不满。从根本上说，政策制定者需要

---

① 贾琼，姜盼，张龙.挽留之道：离职挽留对员工离职意愿的影响研究 [J].中国人力资源开发，2024，41（5）：94-109.

探索如何缓解博士后人才供给远超市场对人才需求的矛盾，争取在博士后学术职业理想及稳定就业秩序上实现平衡，鼓励博士后形成多元选择的就业观念，主动服务于经济发展与社会需要。

第三，构建多方机制保障博士后群体的科研自主性，通过提高自我效能感的方式提高资源支持对工作满意度的成效。

科研自主性是博士后获得研究成果并提高自我效能感的重要需求与前提，研究结果也验证了部分介导了博士后的资源支持与工作满意度的关系。自主性通常意味着博士后能够承担起研究工作的重任，并在这一过程中锻炼个人能力、持续培养自身的领导力，对博士后的学术职业自觉产生积极影响。自主性使博士后能够从科学研究中获得满足感和成就感，使他们保持学术热忱，形成积极的工作态度，增加工作投入，提高科学研究的执行力。博士后群体的科研自主往往受到多方因素影响而难以得到满足，大学及研究机构应当以组织长期发展的有利性视角考虑保障博士后的科研自主性。创设积极的工作环境，尤其是导师及行政主管人员要尊重博士后的观点及工作，鼓励博士后积极试错，提高工作环境的容错率。同时，建立积极、公平、合作共赢的竞争性环境与奖励机制，确保博士后能够获得与研究贡献相匹配的精神及物质回报，尤其对创新性研究成果给予奖励，增加其科研自主与自觉。总而言之，保障博士后的科研自主性不仅对个体发展产生积极影响，同时也有益于科研项目的顺利推进和积极的学术环境的创建。

第四，关注非本国博士后的工作体验，促进大学及研究机构包容性、支持性文化的创建，吸引全球高素质科研人才持续流入。

当今，博士后人群的国际流动性持续增加，但非本国的研究者对工作环境的满意度较低，工作体验的不满可能不利于他国研究者在本国继续从事科研工作。在建设教育强国的背景下，人才培养国际化是不可阻挡的改革与发展趋势，高素质研究人才的流入对于国家和地区的科研创新及经济发展意义非凡。在此背景之下，大学及科研机构应当持续建设具有包容性的文化氛围，提高非本国博士后人群的生活、工作体验感。例如，增加具有包容性、支持性的课程及培训，引导本国博士后克服无意识偏见，鼓励多元文化背景下的沟通与交流；可以建设多元文化的组织与活动中心，为非本国的研究者提供信息及资源，对语言及文化适应存在困难的群体给予帮助；通过组织并鼓励不同文化、种族背景的博士后积极参与多元文化活动，增加他们对不同文化的理解，减少非本国博士后的孤独感与文化不适，促使他们积极地融入当地文化。另外，制度层面应当对博士后人才的流入提供支持，创建包容的招聘和晋升政策，增加工作环境的公平性，确保工作资源支持能够惠及所有人员。应当为博士后创设被尊重、被接纳、被鼓励提出创新性观点并作出独特贡献的工作环境，持续激发他们的工作潜能并最终提高工作满意度水平。

第四节　进一步思考

本章节验证了工作需求－资源理论中资源支持对工作满意度的正向影响，并以博士后机构的导师、资金、组织及职业发展支持作为工作资源的四大核心要素，构建起系统性的工作资源分析框架，分组探索博士后机构各个不同类型的资源支持水平及其对博士后工作满意度的影响，扩展了该理论的内涵以及在博士后群体中的适切性。同时，研究了检验自我效能感在资源支持与工作满意度之间的作用机制，既往研究更多聚焦于自我效能等对工作绩效、科研产出的影响，对博士后心理状态及工作情感的研究相对缺少，本章弥补了这一方面的缺陷，体现对博士后群体个体核心诉求的关注。在追求提高早期学术研究者工作满意度的过程中，需要综合考虑个体因素和环境因素，通过改善工作环境、提供个性化的职业发展路径、建立公正的评价体系和激励机制，以及营造积极的组织文化，来满足员工的多元化需求，促进其工作满意度的提升。通过结合个体与环境因素，有助于构建一个更加和谐、高效和具有吸引力的工作环境，从而提高学术研究环境的整体绩效和竞争力。

在研究过程中，研究者主观能力和客观条件等方面限制使本章节必不可少存在一些局限，首先，当前研究所依据的调查数据中，来自中国的样本量不足,这限制了研究对中国博士后群体的深入研究与解释。为了克服这一局限,未来的研究应当扩大样本范围,不仅增加来自中国的数据,也应涵盖更广泛的国际样本,以增强研究结果的普遍适用性和跨文化迁移性。其次,本研究采用的自我报告式调查问卷可能引入了报告偏差。受访者可能受到社会期望和个人价值观的影响,导致他们提供的答案与实际情况有所偏差。未来的研究可以采用更为客观的数据收集方法,如行为观察、生理指标测量或引用第三方报告,以补充或验证自我报告的数据。最后,本研究中对自我效能感的测量仅使用了单一题目,这可能不足以全面捕捉自我效能感的多维度特征,从而影响数据结果的可信度。为提高测量的精确性,后续研究可以采用经过广泛验证的自我效能感量表,这些量表能够更细致地评估个体对自己完成特定任务的信心。

　　资源支持不仅是提高早期学术研究人员工作满意度的途径,更是促进学术创新和社会进步的关键。通过提供充足的资源和支持,可以帮助早期学术研究者克服职业发展的障碍,激发他们的创新潜力,为社会的发展作出更显著的贡献。在未来,相关领域的研究应当进一步探索资源支持与学术发展的关系,为学术界的繁荣和进步提供更有价值与意义的启示及指导。基于研究局限,未来研究应当在多个方面持续改进。例如,通过采用更多元化的数据收集方法、更广泛的样本覆盖以及更成熟的测量工具,未来的研究能够提供更加深入和全面的见解。此外,随着跨学科研究方法的发展,未来的研究可以整合心理学、社会学、经济学等多个领域的理论和实证研究,以更全面地理解博士后工作满意度的影响因素。同时,随着技术的进步,大数据分析、人工智能算法等新兴技术的应用,也将为研究提供新的工具和视角。通过上述改进性研究,能够为博士后的职业发展提供更加有力的支持和指导。

第五章　生育对早期学术研究人员学术职业社会化的影响

  2023 年我国出生人口仅有 902 万人，相较于 2022 年减少 54 万人，出生人口持续七年下降，人口总量连续两年呈现负增长，不婚化、少子化、老龄化时代正在加速到来。[①] 尽管我国已经实施全面二孩、三孩政策，但随着社会文化开放、经济压力增加以及恐婚恐育网络舆情不断发酵，年轻人生育成本、养育教育子女的成本在"内卷"化社会情形下被动增加，"不敢生、不愿生、不想生"现象越发普遍，人口负增长态势鲜明。如何在人口负增长趋势下提高生育率成为国家与社会关注焦点问题。人口问题是我国面临的全局性、长期性、战略性问题，习近平总书记提出"以人口高质量发展支撑中国式现代化"的重要论断和工作要求，并把教育强国建设作为人口高质量发展的战略工程。人口高质量发展以优化人口结构、提升整体教育与健康水平、实现人力资源的有效配置和利用等措施为主要抓手，其中教育是促进人口高质量发展的重要因素 [②]，高等教育扩招促使人均受教育年限得到提高，但也出现了一些问题：人力资本提高的同时劳动力数量的增长以及优胜劣汰的竞争机制共同促使劳动力市场竞争加剧，导致育龄人群在劳动就业选择和生育的投资上产生

[①] 黎娟娟，黎文华 . 无家何以育：破解青年低生育率的家庭路径 [J]. 中国青年研究，2024（6）：52–59+51.

[②] 李永智，邓友超，李红恩 . 习近平总书记关于教育的重要论述体系化学理化研究 [J]. 中国高校社会科学，2024（4）：21–31+156.

抉择。^① 因此，提高育龄人群的生育意愿成为提高生育率、改善人口负增长态势的重要抓手。

对于育龄人群而言，生育对职业发展的影响程度极大程度上决定了其生育行为意愿。育龄年龄阶段分为 18—24 岁育龄前期、25—34 岁育龄中期、35—44 岁育龄后期、45—49 岁育龄末期，^② 育龄前期和育龄中期的育龄人口数量逐渐增多，成为生育主要人群。伴随高等教育不断扩招，生育主要人群多为高学历人群，由于高学历人群人均受教育年限较长，他们更倾向于晚婚晚育甚至不婚不育以完成自我事业成就。

博士后作为取得最高学位后继续从事科研事业的青年科技人才，是教育强国建设的中坚力量。现阶段，博士后已成为多数博士毕业的首要选择。博士后具有"学术人"和"社会人"的双重身份，学术化与社会化相互契合的过程被称为"学术职业社会化"。^③ 学术职业社会化也是博士后未来长久从事学术职业对掌握知识、技能和适应能力转化的过程。^④ 在这一过程中，博士后需要具备卓越的学术职业能力和良好的工作前景预期，以实现自我价值追求和事业成就目标。博士后进站人数随高等教育扩招激增，进站人数突破 3 万人，平均进站年龄 31 岁^⑤，正处于育龄中期，生育与职业规划是其面临的人生抉择。博士后生育符合我国人口发展新形势且有助于提高人口资源质量，符合国家人口高质量发展战略。博士后组建的家庭群体是新时代家庭发展的典型，具有良好的家庭建设基础和更高水平的家教家风，其生育子女的社会经济资源积累也优于大多家庭，有助于促进我国人口高质量发展。但由于博士后阶

① 钟晓龙，李慧慧，王自锋．高就业密度是否会降低生育意愿——基于 CGSS 微观数据的实证研究 [J].统计学报，2024，5（1）：61-70.
② 林昊民，甘满堂.主观阶层认同、阶层流动感知与城乡居民生育意愿研究——基于 CGSS2017 数据 [J].中共福建省委党校（福建行政学院）学报，2022（1）：148-157.
③ 吴鹏.学术职业与教师聘任 [M].北京：中国海洋大学出版社，2006：33-34
④ ·吴立保，赵慧.社会化视角下博士后学术职业认同及其影响因素——基于 Nature 全球博士后调查数据的实证分析 [J].中国高教研究，2021（11）：27-34.
⑤ 《党的十八大以来博士后事业发展综述》发布 [EB/OL].（2023-10-26）[2024-06-29].https://www.mohrss.gov.cn/wap/xw/rsxw/202310/t20231026_508208.html.

段短期性、高压性以及不确定性的工作特性，生活和工作通常难以得到平衡，生育意愿与生育规划随之受到影响。同样，生育的社会性和长期性对博士后学术职业社会化的影响也成为困扰博士后职业发展规划的重要因素之一。故此，探究博士后生育与学术职业社会化的关系刻不容缓。

目前有关博士后生育对学术职业社会化的研究较为匮乏，为了明确生育与博士后学术职业社会化之间的关系，本章采用多元回归结果初步判断生育对博士后学术职业社会化的影响，随后采用倾向得分匹配法验证两者关系，确保研究结果具有可靠性和稳健性。本研究不仅为现有博士后学术职业社会化文献提供有益探索与补充，研究结论更有利于改变博士后生育意愿和生育行为，从而健全完善生育支持政策体系，减缓老龄化趋势对经济发展的负面影响，为人口高质量发展战略建言献策。

第一节　学术职业社会化概念

学术职业社会化是分析学术人才成长路径的重要概念。德国社会学家齐美尔在 1895 年用"社会化"来表示群体形成的过程机制。[①]1957 年，默顿在此基础上提出"专业社会化"，认为社会化是个体发展出专业价值观、知识和技能，形成专业自我的过程。[②]此后，西方学者对"博士生专业社会化""博士生向学术职业的社会化""博士生的职业社会化"等概念进行研究。其中有关"学术职业社会化"的探讨重点为博士生成为大学教师所需要的知识技能和发展倾向。[③]2013 年，"学术职业社会化"被国内学者引入并用于美国

---

①　刘少杰. 国外社会学力量 [M]. 北京：高等教育出版社，2006：1.

②　MERTON R K, READER G. The student-physician: Introductory studies in the sociology of medical education[M]. Cambridge: Harvard University Press, 1957:287.

③　黄捷扬，张应强. 博士生专业社会化：概念辨析、实践内涵和研究路向 [J]. 高等教育研究，2024，45（1）：40-53.

博士生教育对职业发展社会化研究[①]，继而这一概念被广泛用于博士生和硕士生研究。2021 年，"学术职业社会化"被用于博士后研究，从"预期的""正式的""非正式的""个人的"四个阶段研究博士后学术职业社会化过程[②]。总的来看，国内外有关学术职业社会化的研究群体多是博士生和硕士生，有关博士后的文献资料较少。相较于博士生和硕士生，博士后被认定是国家高水平教学科研人员，其未来长久从事学术研究职业的可能性更大，职业身份学术化和社会化融合趋势更明显，故此，研究博士后学术职业社会化具有理论意义与价值。社会角色理论在职业发展中有着广泛的应用，博士后学术职业社会化过程，不仅仅是学术技能的学习和掌握，更是对社会期望和角色要求的理解和应对。[③]博士后需要具备学术职业能力，拥有良好工作前景，以完成学术职业社会化过程。因此，本研究选取学术职业能力和工作前景衡量博士后学术职业社会化。

第二节　生育的影响因素及其对职业发展的影响

一、生育的影响因素

生育行为是以家庭为单位的集体行为[④]，育龄人群生育行为由主观生育

① 郭丽君，吴庆华．试析美国博士生教育为学术职业发展准备的社会化活动 [J]．学位与研究生教育，2013（7）：66-70．
② 吴立保，赵慧．社会化视角下博士后学术职业认同及其影响因素——基于 Nature 全球博士后调查数据的实证分析 [J]．中国高教研究，2021（11）：27-34．
③ PERREWE P L, ZELLARS K L, FERRIS G R, et al. Neutralizing job stressors: Political skill as an antidote to the dysfunctional consequences of role conflict[J]. Academy of Management Journal, 2004, 47(1): 141-152.
④ 宋健，靳永爱，吴林峰．性别偏好对家庭二孩生育计划的影响：夫妻视角下的一项实证研究 [J]．人口研究，2019，43（3）：31-44．

意愿和客观生育条件决定[①]。生育意愿与国家的计生政策、社会文化熏陶、养老保险保障以及个体家庭环境、育儿机构等因素息息相关。计生政策由计划生育向二孩政策、三孩政策的转变,使新生育文化的社会建构得到进一步加强,育龄人群的理想家庭规模受到计生政策的影响。[②]基本养老保险具有显著"收入效应",减轻已婚育龄人群预期经济负担,提升其当期消费支出和幸福感,同时提升其生育意愿。[③]另外,伴随"多子多福"向"优生优育"思想的转变,家庭环境稳定的人群生育意愿较高[④]。社会育儿机构的缺乏以及代际责任分工的博弈[⑤],使得年轻人育儿时间和经济成本加重,是生育意愿下降的重要因素。子女教育压力和住房压力使男性生育意愿显著低于女性生育意愿。[⑥]

客观生育条件往往取决于微观个体自身条件和职业环境,如学历、年龄、薪资满意度、工作时间和工作与生活平衡等因素。高学历人群生育意愿低、生育行为少。一方面是人力资本较多的博士后,在个人知识储备和技能上付出更多努力,更倾向于施展自我抱负、实现自我价值,而生育一定程度上减缓了个人发展进程,博士后大多在事业稳定后进行生育行为。高生育期望与低生育倾向在高学历女性中尤为常见[⑦],生育对高学历女性人力资本贬损程度

---

① 于长永,喻贞,胡静瑶,等.高学历育龄人群三孩生育意愿研究 [J].人口学刊,2024,46(2):23–42.

② 曹立斌,石智雷.低生育率自我强化效应的社会学机制的检验与再阐述 [J].人口学刊,2017,39(1):18–27.

③ 范红丽,张晓慧,盖振睿.基本养老保险对青年劳动力生育意愿的影响——基于收入与替代效应交互视角的检验 [J/OL].财经理论与实践 [2024–07–08].https://gfffgc1d129f57bb244a4h0oncnn556qq96nq6fgfy.eds.tju.edu.cn/kcms/detail/43.1057.F.20240628.1344.002.html.

④ FERNALD A, MARCHMAN V A, WEISLEDER A. SES differences in language processing skill and vocabulary are evident at 18 months[J]. Developmental Science, 2013, 16(2): 234–248.

⑤ 马雪杨,王增文.为何生育支持政策要以支持家庭为中心?——基于对大众生育观的主题分析 [J].中国青年研究,2024(6):60–67.

⑥ 王敏,王书翠.子女教育压力、住房压力与生育意愿研究——基于幸福感与社会阶层的挤出效用 [J].南方人口,2024,39(3):14–26.

⑦ 洪秀敏,朱文婷.高学历女青年生育二孩的理想与现实——基于北京市的调查分析 [J].中国青年社会科学,2017,36(6):37–44.

更深，生育行为会因为机会成本效应和性别认同效应而减少[①]。另一方面，由于计划生育的影响，现今多数高学历人群多为独生子女家庭，在原生家庭的影响下，他们更倾向于低生育模式。[②]但是也有部分学者认为高学历人群的生育行为随时间由负相关变为不相关甚至正相关。[③]此外，女性随着年龄的增大，生育质量呈下降趋势，在 35 岁以后更加明显。[④]薪资满意度对生育行为具有显著正向影响。[⑤]然而设站单位将博士后视为高创造性的廉价劳动力[⑥]，博士后工作呈现多劳少得特征，科研投入时间与薪酬之间呈现"倒 U 型"关系，导致博士后工作前景并不乐观，加剧其工作与家庭冲突[⑦, ⑧]，造成博士后生育行为不乐观。

二、生育对职业发展的影响

担心生育影响职业发展成为育龄人群拒绝生育的主要原因。学界有关博士后生育与学术职业社会化的研究较少，有关生育对职业发展的性别差异已有较为普遍的研究。生育对女性就业质量的负面影响显著，而对男性就业质量呈现缓慢增强到减弱的趋势。[⑨]女性职业发展的性别差异主要是由于传统家

① 周晓蒙，裴星童.高等教育对女性生育水平的影响机制研究 [J].人口与发展，2022，28（6）：46–58.

② 于潇，梁嘉宁.中国独生子女生育意愿研究——基于生育代际传递视角 [J].浙江社会科学，2021（11）：80–89+97+158–159.

③ KRAVDAL O, RINDFUSS R R. Changing relationships between education and fertility: A study of women and men born 1940 to 1964[J]. American Sociological Review, 2008, 73(5): 854–873.

④ 石智雷，滕聪波.三孩政策下生育质量研究 [J].人口学刊，2023，45（5）：1–16.

⑤ 张榫榫，崔玉倩.高人力资本女性更愿意生育二孩吗——基于人力资本的生育意愿转化研究 [J].清华大学学报（哲学社会科学版），2020，35（2）：182–193.

⑥ 陈玥，张峰铭.导师支持、工作满意度与博士后职业前景——基于 Nature2020 全球博士后调查数据的中介效应分析 [J].中国高教研究，2022（8）：90–96.

⑦ 王治涵，汪雅霜.多劳是否多得：科研时间投入与博士后薪酬水平——基于全球博士后调查数据的实证分析 [J].山东高等教育，2023，11（5）：24–33.

⑧ 陈纯槿.博士后的学术职业流向及其内隐影响路径 [J].教育发展研究，2023，43（C1）：107–116.

⑨ 王翌秋，郭冲，金松青.生育影响高质量就业的性别差异研究 [J].世界经济文汇，2024（3）：80–98.

庭观念的影响，女性因生育子女而难以兼顾事业的现象远比男性更严重。生育会加重女性面临"工作－生育"冲击，在劳动市场中遭遇"收入惩罚""性别隔离""母职惩罚"等生育陷阱。国家卫生健康委调查显示，34.3%的女性在生育后工资待遇下降，降幅过半的达42.9%。[①] 东亚受过高等教育的女性就业和生育率无法兼得，劳动力市场结构和工作场所规范助长了高度性别化的家庭分工，促使女性不愿生现象严重。[②] 虽然受教育程度较高的女性可以缓解生育带来的收入惩罚[③]，但生育仍会降低女性收入水平，促使女博士后生育意愿较低[④]。高学历女性集中在稳定性强且容易获得技术性职称或干部岗位的工作，育龄延迟会显著提升其收入水平。[⑤] 在学术职业领域，男性仍是学术界的主流，女性在结构位置、资源获得、职业晋升等方面存在系统性障碍。[⑥,⑦] 生育会导致女性在学术发展上的不利影响被放大，面临更多的学术障碍，不利于学术职业发展。[⑧]

目前，社会有关生育对职业发展影响的舆情并不乐观，同时当下有关博

---

① 优化生育政策，改善人口结构——国家卫生健康委有关负责人就实施三孩生育政策答新华社记者问 [EB/OL].（2021-06-01）[2024-07-03]. https://www.gov.cn/zhengce/2021-06/01/content_5614518.html.

② BRINTON M C, Oh E. Babies, work, or both? Highly educated women's employment and fertility in East Asia[J]. American Journal of Sociology, 2019, 125(1): 105-140.

③ 郑雪静，张泽宇，谭晓艳，等 . 教育是否降低了女性生育惩罚？[J]. 劳动经济研究，2023，11（5）：41-68.

④ ATHANASISDOU R, BANKSTON A, CARLISLE M K, et al. Assessing the landscape of US postdoctoral salaries[J]. Studies in Graduate and Postdoctoral Education, 2018, 9(2): 213-242.

⑤ 刘丰，胡春龙 . 育龄延迟、教育回报率极化与生育配套政策 [J]. 财经研究，2018，44（8）：31-45.

⑥ XIE Y, SHAUMAN K A. Sex differences in research productivity: New evidence about an old puzzle[J]. American Sociological Review, 1998, 63(6): 847-870

⑦ HUANG J, GATES A J, SINATRA R, et al. Historical comparison of gender inequality in scientific careers across countries and disciplines[J]. Proceedings of the National Academy of Sciences, 2020, 117(9): 4609-4616.

⑧ 许丹东，吕林海 . 婚育妨碍博士生的学术训练吗？——基于博士生调查的实证研究 [J]. 中国高教研究，2023（10）：65-71+93.

士后生育对职业发展影响分析的研究较少。鉴于博士后群体处于生育的优势年龄，且随着博士后群体逐年增长，生育与职业选择成为其面临的重要群体性问题。基于此，剖析博士后群体生育对学术职业社会化的影响具有重要实践意义，研究结果不仅可为博士后群体在人生规划与职业选择时提供参考，还对均衡人口发展、健全生育保障体系、助力人口高质量发展具有一定参考价值。

第三节　生育对早期学术研究人员学术职业社会化的影响分析

一、生育与早期学术研究人员学术职业社会化总体情况

通过描述性统计发现，博士后整体学术职业社会化水平不高。未生育的博士后学术职业能力略高于中等水平（既不消极也不积极），但工作前景得分略低于中等水平。生育博士后学术职业能力和工作前景均略高于中等水平。生育与未生育博士后在年龄、性别、工作年限、科研工作时间满意度和所在学科存在显著差异。在年龄上，未生育博士后较多，40岁以上博士后生育的可能性更大。在性别方面，12.39%的女性在博士后阶段生育，20.09%的男性在博士后阶段生育，这说明男性在博士后期间生育的可能性更大。在工作年限上，工作5年以内的博士后大多倾向不生育，工作5年以上的博士后这一情况有所改善，近32.89%的博士后选择生育。在科研工作时间满意度方面，未生育的博士后满意度更高，生育的博士后满意度比未生育的博士后满意度低0.217。在学科方面，大多学科博士后未生育，仅有13.94%的理科博士后生育，在所有学科博士后中生育占比最少。农科这一情况有所改善，23.23%的农科博士后在博士后阶段生育。（见表5.1）

表 5.1　变量描述性统计信息

变量类型	变量名称		控制组	处理组	取值范围	p 值
			均值或百分比	均值或百分比		
自变量	学术职业社会化		3.107	3.112	[1,5]	0.921
	学术职业能力		3.144	3.131		0.764
	工作前景		2.963	3.033		0.214
控制变量	年龄	40 岁以内	85.33%	14.67%	[0,1]	0.000
		40 岁以上	70.62%	29.38%		
	性别	女性	87.61%	12.39%	[0,1]	0.000
		男性	79.10%	20.09%		
	工作年限	5 年以内	87.15%	12.85%	[0,1]	0.000
		5 年以上	67.11%	32.89%		
控制变量	薪资满意度		3.744	3.719	[1,7]	0.773
	科研工作时间满意度		4.874	4.657		0.007
	生活与工作平衡		4.027	4.069		0.634
	所在学科	理科	86.06%	13.94%	[0,1]	0.051
		工科	83.04%	16.96%		
		农科	76.77%	23.23%		
		医科	83.07%	16.93%		
		文科	82.58%	17.42%		

二、生育与学术职业社会化的关系

（一）博士后生育对学术职业社会化的回归结果

根据表 5.2，模型 1 结果表明生育对学术职业社会化的影响在 10% 显著性水平下正相关，生育的博士后比不生育的博士后学术职业社会化程度高 0.058。性别和工作年限分别在 10%、1% 水平上显著影响学术职业社会化，故此将性别和工作年限组合分类，探究不同组合下生育对博士后学术职业社会化的影响，模型 2 样本对象为工作年限 5 年以内的男博士后，模型 3 样本对象为工作年限 5 年以内的女博士后，模型 4 样本对象为工作年限 5 年以上的男博士后，模型 5 样本对象为工作年限 5 年以上的女博士后（下同）。模型 2 回归结果发现，工作年限 5 年以内的男博士后生育与学术职业社会化在 1% 显著性水平下正相关，表明工作年限 5 年以内生育的男博士和比未生育的男博士学术职业社会化水平高 0.111。在模型 3—5 中，不同组合下生育与学术职业社会化均不显著，但薪资满意度、科研工作时间满意度和生活与工作平衡均在 1% 水平上显著正向影响学术职业社会化程度。

表 5.2　博士后生育对学术职业社会化的回归结果

变量	模型 1	模型 2	模型 3	模型 4	模型 5
生育	0.058*	0.111**	−0.040	0.076	0.030
年龄	0.009	0.128**	−0.008	−0.121	−0.010
性别	0.048*	—	—	—	—
工作年限	−0.192***				
所在学科	0.010	−0.003	0.025*	−0.000	0.042
薪资满意度	0.081***	0.090***	0.060***	0.123***	0.104***
科研工作时间满意度	0.123***	0.125***	0.132***	0.118***	0.091***
生活与工作平衡	0.167***	0.163***	0.171***	0.147***	0.178***
常数项	1.502	1.551	1.477	1.363	1.265
N	3274	1272	1406	307	289
R^2	0.365	0.377	0.346	0.365	0.308

注：***$p<0.01$，**$p<0.05$，*$p<0.1$。

（二）博士后生育对学术职业能力的回归结果

在博士后生育对学术职业能力的回归模型中，同样分为 5 种模型组合进行分析。模型 1 为总模型，结果表明博士后生育对学术职业能力无显著影响，但性别和工作年限仍显著影响学术职业能力，故按照性别和工作年限进行分类，探究不同研究对象对回归结果的影响。根据表5.3，模型2—5分析结果显示，生育对学术职业能力的影响均不显著，但博士后薪资满意度、科研工作时间满意度和生活与工作平衡满意度均在1%显著性水平正向影响学术职业能力。故此，设站单位积极提高博士后薪资水平，保证其有效科研工作时间，设定合理的工作机制有助于博士后提高学术职业能力。

表5.3　博士后生育对学术职业能力回归结果

变量	模型 1	模型 2	模型 3	模型 4	模型 5
生育	0.040	0.083	−0.058	0.066	0.028
年龄	−0.031	0.092	−0.069	−0.153*	−0.044
性别	0.048*	—	—	—	—
工作年限	−0.150***	—	—	—	—
所在学科	0.008	−0.002	0.020	−0.010	0.031
薪资满意度	0.080***	0.081***	0.062***	0.125***	0.132***
科研工作时间满意度	0.141***	0.148***	0.146***	0.140***	0.098***
生活与工作平衡	0.181***	0.176***	0.189***	0.152***	0.187***
常数项	1.408	1.456	1.388	1.328	1.183
N	3274	1272	1406	307	289
R^2	0.376	0.387	0.363	0.381	0.323

注：***$p<0.01$，**$p<0.05$，*$p<0.1$。

（三）博士后生育对工作前景影响分析的回归结果

表5.4显示了博士后生育对工作前景影响分析的回归结果。模型1显示生育在5%显著性水平显著正向影响博士后工作前景，与未生育的博士后相比，生育的博士后工作前景高0.128。结合上述两种回归分类，按照性别和工作年限进行回归。模型2表明工作年限5年以内的男博士后生育在5%显著性水平正向影响工作前景。模型3—5表明不同组合下的博士后生育对工作前景无

显著影响，但生活与工作平衡在 1% 水平显著正向影响博士后工作前景。

表5.4　博士后生育对工作前景影响分析回归结果

变量	模型 1	模型 2	模型 3	模型 4	模型 5
生育	0.128**	0.216**	0.029	0.121	0.050
年龄	0.157**	0.265**	0.232*	0.002	0.087
性别	0.057	—	—	—	—
工作年限	-0.362***	—	—	—	—
所在学科	0.024	-0.007	0.043*	0.117	0.108*
薪资满意度	0.084***	0.130***	0.056***	0.117***	-0.008
科研工作时间满意度	0.052***	0.036	0.078***	0.033	0.049
生活与工作平衡	0.116***	0.112***	0.103***	0.122***	0.160***
常数项	1.867	1.925	1.834	1.507	1.490
N	3274	1272	1406	307	289
R^2	0.102	0.122	0.077	0.103	0.076

注：***p<0.01，**p<0.05，*p<0.1。

回归结果表明，博士后生育与学术职业社会化显著正相关，尤其对工作5 年以内的男博士后影响更为明显，对女博士后无显著影响。博士后生育对学术职业能力无显著影响，但对工作前景显著正相关，对工作5 年以内的男博士后影响更为突出，同样对女博士后无显著影响。这说明生育不会影响女博士的工作前景，对工作年限较小的男博士具有显著促进影响。

三、基于倾向匹配得分法的稳健性检验

多元回归无法解决自选择偏差带来的问题，为了保证研究结果具有稳定性，研究者使用倾向得分匹配方法来纠正多元回归可能存在结果偏差。使用Logit 模型进行倾向指数估计，结果如表5.5 所示，在10% 显著性水平上，年

龄、性别、工作年限、所在学科、科研工作时间满意度、生活与工作平衡的参数估计结果均为显著，说明这些因素对博士后是否生育存在显著影响。

表 5.5　倾向指数估计

变量	系数	标准误	z 值	p 值
年龄	0.326**	0.137	2.37	0.018
性别	0.644***	0.100	6.44	0.000
工作年限	1.076***	0.117	9.20	0.000
所在学科	0.096**	0.037	2.58	0.010
薪资满意度	0.002	0.028	0.08	0.936
科研工作时间满意度	−0.063**	0.031	−2.04	0.041
生活与工作平衡	0.054*	0.030	1.81	0.070
常数项	−2.511	0.224	−11.22	0.000
N	3274			
R2	0.062			

注：***$p<0.01$，**$p<0.05$，*$p<0.1$。

倾向得分匹配法可以有效消除异质性问题与样本选择性偏差，客观评价不同组合下的博士后生育对学术职业社会化的影响。基于回归结果，选择工作年限 5 年以内的男博士后和女博士后进一步分析。表 5.6 采用邻近匹配、半径匹配和核匹配对回归结果进行检验，匹配后各变量不存在显著性差异，样本配对效果良好。

表 5.6 结果显示，经过倾向得分匹配法检验后，所得结果与多元回归结果不同，博士后生育对学术职业社会化无显著影响，仅在半径匹配和核匹配中生育对工作年限 5 年以内的男博士后存在显著正向影响，在邻近匹配中无显著影响。此外，博士后生育显著正向影响其工作前景，工作年限 5 年以内的男博士后生育在 5% 显著性水平上正向影响工作前景，这与多元回归结果

相同且通过了邻近匹配、半径匹配和核匹配的检验，表明回归结果具有稳健性。

表5.6　不同匹配机制下生育对学术职业社会化、学术职业能力、工作前景的平均处理效应

变量	样本总体	工作年限5年以内的男博士后	工作年限5年以内的女博士后
学术职业社会化			
邻近匹配（k=2）	0.047	0.103	−0.039
半径匹配	0.054	0.113*	−0.043
核匹配	0.053	0.114*	−0.043
学术职业能力			
邻近匹配（k=2）	0.028	0.072	−0.061
半径匹配	0.038	0.085	−0.063
核匹配	0.037	0.087	−0.062
工作前景			
邻近匹配（k=2）	0.127*	0.219**	0.050
半径匹配	0.115*	0.216**	0.034
核匹配	0.115*	0.216**	0.032

注：***$p<0.01$，**$p<0.05$，*$p<0.1$。

第四节　解析生育对早期学术研究人员学术职业社会化研究结果

本章采用描述性统计初步分析生育和未生育博士后在样本信息上的差异，随后采用多元回归初步探究生育与学术职业社会化的关系，并根据回归结果进一步剖析不同性别和工作年限组合下博士后生育对学术职业社会化的不同影响，最后采用倾向得分匹配法验证多元回归结果。综合这些方法得出以下结论。

第一，博士后整体学术职业社会化水平不高。未生育的博士后学术职业能力略高于中等水平（既不消极也不积极），但工作前景得分略低于中等水平。

有生育行为的博士后学术职业能力和工作前景均略高于中等水平。

第二，博士后生育与学术职业社会化、工作前景显著正相关，尤其对工作 5 年以内的男博士后影响更为明显，对女博士后无显著影响。博士后生育对学术职业能力无显著影响。控制变量生活与工作平衡显著影响博士后学术职业社会化水平。这与先前的研究结果一致，其原因可能是，当前生育对女性的时间成本和职业发展影响更大，男性相对而言则承担更多的家庭责任。男博士后受教育程度较高，其责任心和社会责任感更强，生育对其更多起到的是激励作用，进而对工作前景预期更积极。

第三，生育对博士后学术职业社会化无显著影响，对工作前景有显著影响。采用邻近匹配、半径匹配和核匹配进行倾向得分匹配后发现，仅有博士后生育对工作前景的正向影响显著，尤其是工作年限 5 年以内的男博士后生育在 5% 显著性水平上正向影响工作前景。生育对学术职业社会化和的平均处理效应不显著，与多元回归结果不同，可能是因为生育与未生育博士后之间的差异经过匹配后，在其他条件均相同的情况下，生育对学术职业社会化的影响未达到统计显著水平。

第五节 为早期学术研究人员构建更友好的生育环境

一、打造更宽松的生育舆论环境

一方面，博士后群体拥有社会经济资源和人力资源积累优势，鼓励博士后群体生育行为能够减缓人口负增长给经济发展带来的潜在风险，缓解老龄化趋势下劳动供给数量、质量下降、人口失衡发展等问题。故此，社会应重视博士后群体良好生育观念的塑造，宣传养育生命的情感收获和幸福美好，打造更宽松的生育舆论环境，提升博士后群体生育意愿。另一方面，博士后生育行为需要多方支持以缓解人口老龄化趋势。博士后自身应改善生育观念，重视生育的人文价值与社会意义，正确看待生育对学术职业社会化的影响。

博士后群体生育不仅需要个人家庭提供隔代养育、经济保障以及家庭照料资源的配套支持，还需要设站单位设置相应的生育鼓励制度、保障博士后群体生育权益。社会也需要进一步完善有关高学历人群的生育政策支持力度，激励博士后群体积极采取生育决策行为，携手共建生育友好型社会氛围。

二、完善生育支持政策体系

一方面，设站单位应在"生、育、养"各个方面全面完善生育支持体系。博士后设站单位应全面落实产假、哺乳假、育儿假等相关制度，确保博士后群体在生育过程中享有充分的权益保障，保障女博士后在产假期间享有合法的薪资和福利待遇。同时，国家还应提供相应的生育津贴，帮助博士后家庭减轻因生育带来的经济负担，从而降低博士后群体的生育顾虑，提振其生育意愿。在博士后群体集中居住的社区内，设站单位应加大公立托育服务机构的建设力度，确保每一个博士后家庭都能方便地享受到优质的托育服务，进一步落实生育友好政策，为博士后群体提供便利和实惠。另一方面，在全面二孩、三孩政策背景下，博士后设站单位应与国家人口发展政策同向发力，制定有利于博士后照顾婴幼儿的弹性工作方式。设站单位可以引入远程办公、灵活工作时间等现代工作模式，帮助博士后更好地平衡家庭和工作需求。此外，为了确保生育支持政策的有效性和可持续性，设站单位应定期测评博士后的工作生活平衡满意度。通过问卷调查、座谈会等形式，了解博士后在生育和工作中的实际需求和意见，不断补充和完善相关制度。例如，对于反映强烈的问题，单位应及时作出调整和改进，确保每一项政策都能够真正落地生效。设站单位应努力营造积极的生育友好型工作环境，增强博士后家庭的归属感和幸福感，提高博士后的工作满意度和生活质量，从而有效提升其工作效率和科研成果产出效率。

三、宣传普及夫妻共育理念

一方面，设站单位应重视博士后生育对工作前景的性别差异。研究表明，生育对男性工作前景通常会有积极正向的影响，而女性则面临更大的挑战。博士后设站单位应大力宣传普及夫妻共育理念，强调夫妻双方在育儿中的共同责任。设站单位可以通过组织相关培训和宣传活动，提高男性的责任意识和育儿参与度，强化父亲在育儿过程中的角色，缓解女性在生育过程中面临的压力，进而提高女性的生育意愿，使生育行为对博士后学术职业社会化产生积极效应。另一方面，设站单位应关注女博士后因生育带来的职业发展困境，特别是"母职惩罚"和"收入惩罚"等问题。对于有生育计划的女博士后，设站单位应提供相应的科研工作支持和职业发展规划。设站单位可以为女博士后安排灵活的工作时间，提供远程办公的技术支持，确保她们在怀孕和育儿期间仍能保持高效的科研产出。此外，设站单位应引导对孕妇实行工作优待政策，调整工作负荷、提供特殊的工作环境和设施等，帮助孕妇在工作中获得更多的支持和便利。对于女博士后的产后复职工作安排，设站单位应提供系统的职业发展辅导和心理支持，帮助她们顺利过渡回到工作岗位。

第六章 生成式人工智能对早期学术 研究人员职业选择的影响

随着人工智能不断取得重大技术突破，生成式人工智能（Artificial Intelligence Generated Content，AIGC）的应用正逐渐成熟并进入爆发期。生成式人工智能是一种计算机大型语言模型，能够根据用户输入的指令，输出新的文本、图像、音频、代码等内容。[①]2022 年 11 月，美国 Open AI 公司发布名为 ChatGPT 的自然语言生成模型，通过基于人类反馈的强化学习进行训练，其不仅能通过海量语料库进行训练学习，而且基于海量语料库的训练学习具备各种复杂的语言功能，执行各式各样的复杂任务。[②]ChatGPT 一经推出，引发了全世界广泛而持续的关注。到 2023 年 1 月末，ChatGPT 月活跃用户就突破了 1 亿。截至 2024 年 1 月，ChatGPT 仍保持超 1.8 亿的月活跃用户。ChatGPT 在迅速迭代的同时，国外的谷歌、必应和国内的百度、科大讯飞等公司也陆续发布多款大型语言模型。相较于传统的判别式人工智能，生成式人工智能更具有创造性、交互性和灵活性，不仅拥有更多的应用场景，而且在解决问题时能够提供多样化方案，满足个性化需求。

在科学研究中，生成式人工智能的应用主要体现在阅读、写作、编程等

---

① 周莎，张尚.生成式人工智能应用于学术研究的风险及其预防机制 [J].黑龙江高教研究，2024，42（3）：1-7.

② 李锋亮，王志林.ChatGPT 对研究生导学关系的影响刍议 [J].高校教育管理，2023，17（6）：1-11.

方面。[1][2]一项面向 1659 名科研工作者开展的调查显示，近 30% 的科研工作者表示曾使用过生成式人工智能工具来撰写论文。[3]然而，生成式人工智能在科学研究中的应用也给科研规范、伦理道德、价值立场以及数据安全等方面带来诸多风险，在科学研究中应该如何使用生成式人工智能还是一个悬而未决的问题。以学术发表为例，生成式人工智能引发了有关学术失真的巨大争议，在全球百强科学期刊中，有 87 本期刊已经对人工智能生成内容的使用向作者发布了相关要求，并有 1 本期刊明确禁止在论文撰写过程中使用人工智能生成内容。[4]此外，一些基础性研究工作将被人工智能取代，由此对科研工作者的批判性思维、创新能力等方面提出了更高要求。对于早期学术研究人员而言，他们既是推动科学技术创新和成果转化的主力军，也正处于职业选择的十字路口，亟须尽快适应技术变革给科学研究和未来劳动力市场带来的变化。因此，本章基于《自然》杂志在 2023 年开展的全球博士后调查数据，探究 ChatGPT等生成式人工智能的应用对博士后开展科学研究和职业选择的实际影响。

第一节　早期学术研究人员职业选择的影响因素

ChatGPT 等生成式人工智能技术的迅速发展，给各行业带来巨大经济价值，同时也将对产业结构变革、劳动岗位调整等方面产生影响。麦肯锡咨询公司评估，生成式人工智能的总经济效益将达到每年 6.1 万亿至 7.9 万亿美元，

---

① 　NORDING L. How ChatGPT is transforming the postdoc experience[J]. Nature, 2023, 622: 655-657.

② 　王树义，张庆薇 .ChatGPT 给科研工作者带来的机遇与挑战 [J]. 图书馆论坛，2023，43（3）：109-118.

③ 　PRILLAMAN M. Is ChatGPT making scientists hyper-productive? The highs and lows of using AI[J]. Nature, 2024, 627: 16-17.

④ 　GANJAVI C, EPPLER M B, PEKCAN A, et al. Publishers' and journals' instructions to authors on use of generative artificial intelligence in academic and scientific publishing: Bibliometric analysis[J]. BMJ, 2024, 384: e077192.

并且预估当前的工作活动中有 50% 将在 2030—2060 年被自动化。[1] 尽管生成式人工智能通过场景训练后所具备的能力会对部分工作产生威胁，但对不同劳动岗位的影响程度存在较大差异。[2] 有研究指出，需要高学历背景、进入门槛和薪资更高的劳动岗位更容易受生成式人工智能的影响[3]，但当前少有研究探讨对科研工作者岗位的影响。目前，已有一些学者主要从替代、更新和创造等方面分析生成式人工智能对劳动岗位存在的影响[4,5]，这或将有助于我们了解生成式人工智能对学术职业可能存在的影响。

首先，生成式人工智能在多个行业领域已经展现出了广阔的应用前景，尤其在处理重复性、低技能或高度标准化的工作时，生成式人工智能表现出比人类更复杂、更高效且更精确的信息获取、筛选、分析和呈现能力。[5]这种能力使得生成式人工智能可能在客服、销售、金融等行业中替代大量的人力。其次，生成式人工智能通过其强大的语言处理和生成能力，也在写作创作领域展现了巨大的潜力，也可能会替代相关的人力劳动，如翻译、写作等。最后，尽管生成式人工智能可能会产生一定的替代效应，但从长远的视角来看，在更多领域中，生成式人工智能的应用将有助于提升工作效率，并催生出新的就业机会。一方面，生成式人工智能的应用将不可避免地引发传统工作模式的变革。这种变革不仅体现在自动化和智能化水平的提高，还将对劳动者技能和知识结构提出新要求，劳动者需要掌握与人工智能系统协同工作的技能，

---

① CHUI M, HAZAN E, ROBERTS R, et al. The economic potential of generative AI: The next productivity frontier[R]. New York: McKinsey & Company, 2023:10.

② 陈晓红，杨柠屹，周艳菊，等. 数字经济时代 AIGC 技术影响教育与就业市场的研究综述——以 ChatGPT 为例 [J]. 系统工程理论与实践，2024，44（1）：260-271.

③ ELOUNDOU T, MANNING S, MISHKIN P, et al. GPTs are GPTs: An early look at the labor market impact potential of large language models[EB/OL]. (2023-03-17)[2024-05-19]. https://arxiv.org/abs/2303.10130.

④ 周建力，柳海民 .ChatGPT/ 生成式人工智能影响职业教育的外部逻辑——基于技术进步影响就业的分析 [J]. 中国职业技术教育，2024（6）：38-48.

⑤ 徐国庆，蔡金芳，姜蓓佳，等 . ChatGPT/ 生成式人工智能与未来职业教育 [J]. 华东师范大学学报（教育科学版），2023，41（7）：64-77.

以更好地适应新的工作环境和需求。另一方面，生成式人工智能的发展也将促进新产业的兴起。随着生成式人工智能的不断革新及其应用领域的扩展，未来或将涌现出以生成式人工智能为基础或相关的新职业。④同时，生成式人工智能还将推动传统产业的转型升级，催生出一系列与之相关的新产业和服务，也将为劳动力市场注入新的活力，丰富未来职业选择。

此外，一些研究还对影响博士后职业选择的其他因素进行探究。个体特征方面，一些研究指出性别等人口学特征①、专业②、个人兴趣与认知③、自我效能感④等因素会影响博士后的职业选择。博士后经历方面，地区⑤、科研产出⑥、导师或组织支持⑦、工作满意度⑧、工作与生活的平衡⑨等方面是影响博士后职业选择的因素。就业形势方面，工作前景、晋升机会、稳定性以及

①　MCCONNELL S C, WESTERMAN E L, PIERRE J F, et al. Research: United States National Postdoc Survey results and the interaction of gender, career choice and mentor impact[J]. eLife, 2018, 7: e40189.

②　DENTON M, BORREGO M, KNIGHT D B. U.S. postdoctoral careers in life sciences, physical sciences and engineering: Government, industry, and academia[J]. PLOS ONE, 2022, 17(2): e0263185.

③　连宏萍，王梦雨，郭文馨. 博士后如何选择职业？——基于扎根理论的北京社科博士后择业影响机制探究 [J] 东岳论丛，2021，42（4）：36-45.

④　EVERS A, SIEVERDING M. Academic career intention beyond the PhD: Can the theory of planned behavior explain gender differences?[J]. Journal of Applied Social Psychology, 2015,45:158-172.

⑤　徐浩天，沈文钦. 博士后经历与职位获得——学术劳动力市场回报的净效应及其异质性 [J]. 研究生教育研究，2024（2）：19-28.

⑥　GEUNA A, SHIBAYAMA S. Moving out of academic research: Why scientists stop doing research?[M]// GEUNA A. Global mobility of research scientists: The Economics of who goes where and why. San Diego, CA: Academic Press, 2015: 271-304.

⑦　梁会青，李佳丽. 组织系统对博士后学术职业认同的影响研究——基于 Nature 2020 年全球博士后调查的实证分析 [J]. 江苏高教，2022（2）：82-92.

⑧　EPTEIN N, ELHALABY C. Social capital in academia: How does postdocs' relationship with their superior professors shape their career intentions?[J]. International Journal for Educational and Vocational Guidance, 2023: 1-28.

⑨　陈纯槿. 博士后的学术职业流向及其内隐影响路径 [J]. 教育发展研究，2023，43（C1）：107-116.

薪资待遇也会影响博士后的职业选择。以美国为例，由于近年来的博士后数量逐年攀升，但学术劳动力市场人才需求增幅较小，大多数博士后较难找到终身教职的工作，而且这种情况在短期内不太可能得到改善。[①] 社会需求方面，为加快推进新质生产力发展和现代化产业体系建设，企业等非学术劳动力市场对青年科技人才的需求程度提高[②]，也影响着博士后的职业选择。

不可否认的是，生成式人工智能将对未来劳动力市场产生深远影响，然而学术劳动力市场，尤其是早期学术研究人员的就业选择，是否会受技术变革的影响还尚不明晰。此外，在当前的科研工作中，生成式人工智能的使用情况也值得深入探究。如，生成式人工智能都用于科研工作中的哪些环节？更重要的是，生成式人工智能对博士后等早期学术研究人员会产生哪些影响？是否会改变他们的科研方式和科研意愿？由此，本章对博士后的职业选择和科研意愿进行分析，为优化博士后培养制度、适应未来技术变革提供参考。

第二节　使用生成式人工智能对早期学术研究人员职业选择的影响分析

一、早期学术研究人员生成式人工智能使用现状

在调查中，2525 人没有在工作中使用过生成式人工智能，占 68%，1179人在工作中使用过生成式人工智能，占 32%。使用频率上，使用过生成式人工智能的人中有 17% 的人每天使用，43% 的人每周使用，23% 的人每月使用，17% 的人每月使用少于一次。由于博士后的研究领域差异较大，研究比较了不同学科领域博士后的生成式人工智能使用差异（见图 6.1）。卡方检

---

① HAYTER C S, PARKER M A. Factors that influence the transition of university postdocs to non-academic scientific careers: An exploratory study[J]. Research Policy, 2019, 48(3): 556–570.

② 刘凌宇，沈文钦，蒋凯．一流大学建设高校博士毕业生企业就业的去向研究 [J]．学位与研究生教育，2019（10）：48–54.

验结果显示，是否使用生成式人工智能存在显著的学科差异（ χ^2 =44.114，p<0.001）。具体而言，工程（44%）、社会科学（42%）和计算机数学与科学（42%）领域的博士后使用生成式人工智能的比例较高，而化学（25%）领域的博士后使用生成式人工智能的比例最低。

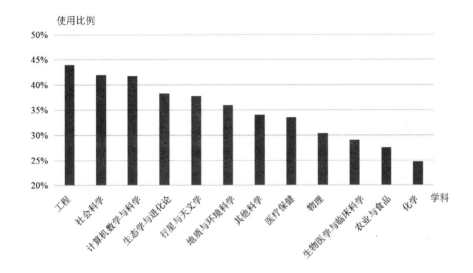

图6.1 各学科领域的博士后使用生成式人工智能比例

调查还收集了博士后使用生成式人工智能的目的。发布数据集和报告综合显示[①]，在使用过聊天机器人的博士后中，63%的人曾用于润色文本，57%的人用于生成、编辑和修改代码，29%的人用于查找和总结文献，14%的人用于文稿撰写，12%的人用于准备演讲材料，7%的人用于修改实验计划。此外，在使用过聊天机器人的博士后中，有31%的人认为生成式人工智能已经改变了他们写论文的方式，22%的人认为生成式人工智能改变了他们分析数据的

---

① LAMPON S, TAYLOR J, WOOLLETT G, et al. Nature postdocs survey 2023[R]. London: Shift Insight, 2023:33–35.

方式，18% 的人认为生成式人工智能改变了他们了解最新文献的方式，10% 的人认为生成式人工智能改变了他们的教学方式，但也有 34% 的人认为生成式人工智能并没有改变他们的日常工作或职业规划。

总体来看，相当数量的博士后会在工作中使用生成式人工智能，且正在改变传统科学研究模式。尽管生成式人工智能在数据分析、预测建模等方面展现出巨大潜力，但其在科学研究中的应用还是存在一定的局限性和风险。一方面，生成式人工智能不具有人类的环境感知、直觉判断等能力，这在一定程度上限制了其在理论创新和原创性思考中的深度应用。因此，涉及深层次理解和原创性思考的核心环节，仍需要由人类主导。[①] 而且，生成式人工智能依赖于大量训练数据的特性，可能导致算法偏见，从而影响研究结果的客观性。另一方面，生成式人工智能技术的快速发展也引发了知识产权、数据隐私和伦理道德等方面的风险，这些都需要科研人员在使用过程中予以充分考虑和审慎处理。

二、早期学术研究人员职业选择和科研意愿现状

在调查中，2446 人选择在学术领域工作，占比 64%，1392 人选择在非学术领域工作，占比 36%。1988 人表示还具有科研意愿，占比 52%，1021 人表示已没有科研意愿，占比 27%，829 人表示不确定，占比 22%。此外，卡方检验结果表明（见表 6.1），博士后的职业选择在性别（χ^2 = 10.701，p=0.001）、年龄（χ^2=19.236，p=0.001）、学科领域（χ^2=69.420，p<0.001）、所在地区（χ^2=37.932，p<0.001）、所在国家（χ^2= 11.527，p=0.001）、工作满意度（χ^2=108.397，p<0.001）以及与导师的沟通频率（χ^2=6.733，p=0.035）方面存在显著差异，科研意愿则在性别（χ^2=26.588，p<0.001）、年龄（χ^2=22.260，p=0.004）、学科领域（χ^2=59.465，p<0.001）、所在地区（χ^2=46.790，p<0.001）、工作满意度（χ^2=549.808，p<0.001）以及与导师的沟通频率（χ^2=28.846，p<0.001）

① 张务农．人工智能危及学术职业？——知识创新的分析视角 [J]．暨南学报（哲学社会科学版），2023，45（4）：25-36.

方面存在显著差异。

表 0.1　博士后职业选择和科研意愿的差异分析

变量	特征	学术职业（%）	非学术职业（%）	χ2	有科研意愿（%）	无科研意愿（%）	χ2
性别	女	61.2	38.8	10.701**	66.6	33.4	26.588***
	男	66.4	33.6		66.0	34.0	
年龄	22 至 25 岁	50.0	50.0	19.236**	60.0	40.0	22.260**
	26 至 30 岁	61.3	38.7		72.1	27.9	
	31 至 40 岁	62.9	37.1		64.3	35.7	
	41 至 50 岁	72.9	27.1		60.7	39.3	
	51 至 60 岁	70.8	29.2		74.0	26.0	
学科领域	农业与食品	61.3	38.7	69.420***	63.6	36.4	59.465***
	行星与天文学	76.3	23.7		73.3	26.7	
	生物医学与临床科学	59.4	40.6		62.3	37.7	
	化学	67.9	32.1		62.8	37.2	
	计算机数学与科学	58.3	41.7		76.6	23.4	
	生态学与进化论	77.8	22.2		69.7	30.3	
	工程	68.1	31.9		76.3	23.8	
	地质与环境科学	70.0	30.0		68.5	31.5	
	医疗保健	68.7	31.3		75.8	24.2	
	其他科学	57.7	42.3		71.2	28.8	
	物理	65.7	34.3		64.2	35.8	
	社会科学	79.1	20.9		74.8	25.2	
所在地区	非洲	73.6	26.4	37.932***	82.9	17.1	46.790***
	亚洲	72.9	27.1		69.4	30.6	
	大洋洲	63.6	36.4		69.6	30.4	
	欧洲	65.0	35.0		66.2	33.8	
	北美和中美	58.6	41.4		63.6	36.4	
	南美洲	72.0	28.0		61.7	38.3	
所在国家	国内	67.0	33.0	11.527**	68.1	31.9	5.339
	国外	61.5	38.5		64.5	35.5	

变量	特征	学术职业（%）	非学术职业（%）	χ2	有科研意愿（%）	无科研意愿（%）	χ2
工作满意度	非常不满意	48.7	51.3	108.397***	34.0	66.0	549.808***
	不满意	50.4	49.6		40.2	59.8	
	比较不满意	57.4	42.6		44.2	55.8	
	一般	62.9	37.1		57.4	42.6	
	比较满意	64.1	35.9		71.7	28.3	
	满意	73.3	26.7		86.5	13.5	
	非常满意	73.1	26.9		91.8	8.2	
导师沟通频率	每周少于1小时	61.6	38.4	6.733*	61.9	38.1	28.846***
	每周1至3小时	64.7	35.3		70.7	29.3	
	每周3小时以上	67.7	32.3		67.6	32.4	

注：* 表示 $p<0.05$，** 表示 $p<0.01$，*** 表示 $p<0.001$。

三、使用生成式人工智能对早期学术研究人员职业选择的影响

是否使用生成式人工智能对博士后职业选择影响的 logit 回归分析显示（见表 6.2），博士后使用生成式人工智能对于其选择非学术职业具有正向显著影响。具体而言，相较于未使用过生成式人工智能的博士后，使用过的博士后选择非学术职业的可能性增加 21.5%。其他变量对学术职业选择也具有显著影响。性别上，男性博士后比女性更倾向选择学术职业。专业上，相较于农业和食品专业，行星与天文学、化学、生态学与进化论、工程、地质与环境科学、医疗保健、社会科学领域的博士后更倾向选择学术职业。地区上，相较于非洲地区，北美和中美地区的博士后更倾向选择非学术职业。此外，工作满意度越高的博士后更倾向选择学术职业，工作满意度每提高一个单位，选择学术职业的可能性提高 21.8%。

生成式人工智能使用频率对博士后职业选择影响的 logit 回归分析显示（见表 6.2），生成式人工智能的使用频率对于其选择非学术职业也具有正向显著影响。相较于不是每天使用生成式人工智能的博士后而言，每天使用的博士后选择非学术职业的意愿增加 56.3%。此外，年龄更大、工作满意度越高的博士后更倾向选择学术职业。博士后的年龄每提高一个层级，选择学术职业的

可能性提高 16.5%；工作满意度每提高一个单位，选择学术职业的可能性提高23.2%。

表 6.2　使用生成式人工智能对博士后职业选择影响的回归分析

变量		非学术职业（对比学术职业）			
		优势比	标准误	优势比	标准误
使用过生成式人工智能（对比未使用过生成式人工智能）		1.215**	0.098	—	—
每天使用生成式人工智能（对比非每天使用生成式人工智能）		—	—	1.563**	0.282
男性（对比女性）		0.792***	0.062	0.969	0.134
年龄		0.835***	0.054	0.793*	0.097
学科领域（对比农业和食品）	行星与天文学	0.383***	0.182	0.448	0.369
	生物医学与临床科学	0.818	0.148	0.820	0.283
	化学	0.670*	0.159	0.578	0.272
	计算机数学与科学	0.943	0.290	1.273	0.631
	生态学与进化论	0.445***	0.108	0.543	0.225
	工程	0.583**	0.143	0.643	0.272
	地质与环境科学	0.616*	0.154	0.638	0.280
	医疗保健	0.515***	0.130	0.574	0.256
	其他科学	0.875	0.208	0.908	0.388
	物理	0.704	0.170	0.534	0.239
	社会科学	0.373***	0.101	0.245***	0.117
所在地区（对比非洲）	亚洲	1.013	0.319	0.853	0.509
	大洋洲	1.789	0.656	2.317	1.522
	欧洲	1.409	0.418	1.383	0.785
	北美和中美	1.279*	0.530	1.450	0.828
	南美洲	1.788	0.554	0.851	0.660
博士后工作满意度		0.782***	0.021	0.768***	0.037
导师沟通频率（对比每周少于1 小时）	每周 1 至 3 小时	0.956	0.078	0.912	0.131
	每周 3 小时以上	0.868	0.113	0.934	0.219
国外从事博士后（对比国内从事博士后）		控制	控制	控制	控制

注：* 表示 p<0.1，** 表示 p<0.05，*** 表示 p<0.01。

从研究结果来看，博士后的职业选择多样化，生成式人工智能的使用可能加速了博士后等早期学术研究人员离开学术界。当前，面对博士后数量持续扩张和学术职业日益稀缺的矛盾，以及综合考虑个人专长、职业稳定性等多重因素后，相当数量的博士后等早期学术研究人员选择了工业界或政府部门等非学术职业。[①] 与此同时，生成式人工智能技术取得的突破性进展，不仅重塑了传统科研范式，还深刻推动了产业的转型升级和生产方式的革新，或加速了以博士后为代表的早期学术研究人员离开传统学术界。具体而言，首先，人工智能为科研工作者提供了强大的研究工具，将替代大量基础研究人员的工作，提高科研效率的同时可能会对传统学术岗位产生威胁，进一步缩小传统学术岗位的规模，加剧学术界内部的竞争压力。而且未来研究人员还需要具备与生成式人工智能相关的技能以适应新的科研范式，这对未来科研工作者的技能水平提出更高要求。其次，生成式人工智能不仅赋能传统产业转型，也将推动国家战略性新兴产业发展、重大科技攻关和关键技术突破，开辟出生成式人工智能的新市场，为经济发展释放更大潜力。[②] 而这背后迫切需要具备高素质的创新型人才支持，对于博士后等青年科技人才而言，将具有更广阔的职业发展空间。

四、使用生成式人工智能对早期学术研究人员科研意愿的影响

是否使用生成式人工智能对博士后科研意愿影响的回归分析显示（见表6.3），使用生成式人工智能对于博士后的科研意愿具有正向影响，但不显著。其他变量对科研意愿具有显著影响。性别上，相较于女性，男性不具有科研意愿的可能性更高。专业上，相较于农业和食品专业，生物医学与临床科学、生态学与进化论、工程、地质与环境科学、物理、社会科学、其他科学领域的博士后更具有科研意愿。地区上，相较于非洲，来自亚洲、欧洲、北美和

① 陈玥，张峰铭.导师支持、工作满意度与博士后职业前景——基于 Nature2020 全球博士后调查数据的中介效应分析［J］. 中国高教研究，2022（8）：90-96.

② 郑世林，陶然，杨文博.ChatGPT 等生成式人工智能技术对产业转型升级的影响［J］.产业经济评论，2024（1）：5-20.

中美、南美的博士后科研意愿更低。此外，博士后工作满意度对博士后的科研意愿具有正向的显著影响，工作满意度每提高一个单位，博士后拥有科研意愿的可能性提高34.4%。

　　生成式人工智能使用频率对博士后科研意愿影响的回归分析显示（见表6.3），使用生成式人工智能的频率对其科研意愿具有正向影响，但不显著。换言之，尽管生成式人工智能加剧了博士后等研究人员向非学术界的流动趋势，但生成式人工智能并未削弱博士后群体的科研热情和创新动力，当他们进入工业界，仍能充分利用自身研究优势，加速科技成果转化，赋能产业转型升级，推动科学技术自立自强和新质生产力发展。此外，地质与环境科学领域和工作满意度越高的博士后更具有科研意愿，而且博士后的工作满意度每提高一个单位，博士后拥有科研意愿的可能性提高34.8%。

表6.3　使用生成式人工智能对博士后科研意愿影响的回归分析

相对风险比		无科研意愿（对比有科研意愿）			
		相对风险比	标准误	相对风险比	标准误
使用过生成式人工智能（对比未使用过生成式人工智能）		0.910	0.093	—	—
每天使用生成式人工智能（对比非每天使用生成式人工智能）		—	—	0.958	0.228
男性（对比女性）		1.189*	0.116	1.017	0.185
年龄		1.021	0.082	1.186	0.192
学科领域（对比农业和食品）	行星与天文学	0.403	0.232	0.922	1.000
	生物医学与临床科学	0.663*	0.149	0.694	0.309
	化学	0.688	0.200	0.765	0.442
	计算机数学与科学	0.558	0.231	0.415	0.313
	生态学与进化论	0.540**	0.159	0.570	0.303
	工程	0.440***	0.139	0.702	0.397
	地质与环境科学	0.587*	0.181	0.363*	0.216
	医疗保健	0.625	0.192	0.934	0.535
	其他科学	0.408***	0.126	0.530	0.293
	物理	0.582*	0.176	0.705	0.413
	社会科学	0.512**	0.169	0.492	0.284

相对风险比		无科研意愿（对比有科研意愿）			
		相对风险比	标准误	相对风险比	标准误
所在地区 （对比非洲）	亚洲	1.968*	0.762	1.643	1.269
	大洋洲	1.829	0.865	2.409	2.136
	欧洲	2.08**	0.766	2.431	1.805
	北美和中美	2.204**	0.813	1.650	1.235
	南美洲	4.353***	2.185	3.318	3.073
博士后工作满意度		0.656***	0.022	0.652***	0.040
导师沟通频率 （对比每周少于1小时）	每周1至3小时	0.956	0.099	0.895	0.169
	每周3小时以上	1.165	0.182	1.154	0.342
国外从事博士后（对比国内从事博士后）		控制	控制	控制	控制

注：* 表示 p<0.1，** 表示 p<0.05，*** 表示 p<0.01。

　　总体来看，个体特征、博士后经历、就业形势等维度因素对博士后的职业选择和科研意愿具有显著影响。个体特征方面，男性、年龄更大的博士后更倾向选择学术职业，但男性具有科研意愿的可能性更低，与前人研究结果基本一致。相较于男性，学术职业的高强度投入和难以处理工作与生活的平衡使女性博士后更倾向于从事非学术职业[①]；而博士后的年龄越大，意味着他们对学术职业准备的沉没成本越高，所以也会更坚定于学术职业。此外，生态学与进化论、工程、社会科学等多数领域的博士后选择学术职业的意愿和科研意愿更强，这可能与这些学科的研究特点有关。[②] 博士后经历方面，北美和中美地区的博士后选择学术职业的意愿更低，而欧美和亚洲地区的博士后具有科研意愿的可能性更低，可能与这些地区当前的科研竞争激烈、科研压力过重有关，需进一步营造宽松的科研环境，尤其关注早期科研人员的心理

　　① 蒋贵友，郭志愍.博士后工作满意度及其影响因素的实证分析：基于《自然》全球博士后的调查数据 [J].科技管理研究，2022，42（12）：117-124.
　　② 郭瑞迎，牛梦虎.西方博士后职业发展的境遇与启示 [J].中国高教研究，2018（8）：94-99.

健康问题；[①] 而对于工作满意度高的博士后而言，他们选择学术职业的意愿和科研意愿更强。这一发现支持了前人研究结果 [②]，即积极的工作体验能够增强个人的职业认同感和归属感，而积极的职业认同感和归属感也能够进一步激发个体对工作的热情和投入。

第三节　引导生成式人工智能赋能职业发展

一、正视人工智能属性，积极接纳新型技术

　　《自然》杂志预测，未来使用生成式人工智能的科研人员规模会持续扩大 [①]，但如何正确看待生成式人工智能在科学研究中的作用，科研人员应如何正确使用生成式人工智能，还需加以引导。2023 年 7 月，我国颁布《生成式人工智能服务管理暂行办法》，对发展生成式人工智能服务提供了明确的规范和指引。但目前科学研究领域还缺少对生成式人工智能的使用规范，而引导科研工作者正确看待和合理使用生成式人工智能是当务之急。因此，科研工作者应尽快正确认识生成式人工智能的工具属性，积极应对生成式人工智能带来的变化。尽管生成式人工智能的崛起给传统科研模式带来了深刻变革，但在科研活动中，人的主体性和关键价值仍不容忽视，科研活动仍依赖于人的思考与创新。此外，科研工作者还应减少对生成式人工智能的焦虑，保持开放包容的态度积极接纳并适应这一新兴技术，提升自身对生成式人工智能工具的运用能力，并辅助开展科研活动，进而提升科研效率与质量。

---

① 杨娟，金帷.高校教师学术工作的满意度与压力——国际比较与个案分析 [J].教育学术月刊，2018（6）：17-25.

② 刘霄，孙俊华.科研人员工作满意度及影响因素的国际比较 [J].科学学研究，2023，41（5）：874-885.

① NORDING L. How ChatGPT is transforming the postdoc experience[J]. Nature, 2023, 622: 655-657.

二、优化人才培养模式，提升不可替代能力

从研究结果上看，博士后从学术领域的流失一定程度上背离了博士后人才培养制度的建设初衷，不仅是对博士后培养体系投入资源的严重浪费，直接影响科研工作的效率和质量，更是对科研生态系统健康运作的严重挑战，可能引发学术梯队断层等连锁反应。因此，为适应人工智能引发的新一轮技术变革浪潮，应尽快优化博士后人才培养模式，提升其不可替代的能力。首先，在可预见的未来，人工智能将辅助科研工作者完成一定的科研工作，因此要加强对博士后在人工智能领域基础知识的学习和实践应用方面的训练，推动早期学术研究人员合理使用人工智能技术。其次，博士后制度仍是面向博士的一种人才培养制度，博士后经历对于塑造个人的职业发展能力、维持学术热情以及科研动力均具有深远的影响。[①] 因此，应加强对博士后等早期学术研究人员在创新能力和批判性思维等方面的培养力度，进而提升其在劳动力市场的竞争性以及科研活动中的不可替代性。具体举措上，建议加强人工智能领域的基础知识学习与实践应用，例如机器学习、深度学习、自然语言处理等核心内容，确保其掌握相关的基本原理和技术；加强批判性思维训练，引导其学会质疑、验证和反思，培养其在面对复杂问题时独立思考、理性判断的能力；加强科研伦理教育，确保其在科研活动中严格遵循学术规范，尊重知识产权，维护科研诚信。

三、拓宽职业发展路径，促进产教深度融合

生成式人工智能的应用在对科研工作者的科研活动产生深远影响的同时，也正在对传统的学术职业结构产生冲击。为应对这一挑战，亟须拓宽博士后的职业发展路径，推动博士后的职业选择多元化。首先，应优化博士后人才培养类型，改变当前博士后的就业观，推动学术领域的"自我革命"。当前，

---

① 赵祥辉，张娟.培养抑或使用：身份定位对博士后职业发展能力的影响——基于2020年Nature全球博士后调查数据的实证分析 [J].湖南师范大学教育科学学报，2023，22（1）：100–110.

我国的博士后人才培养类型主要分为在高校或科研院所开展基础研究的博士后和在企业或事业单位开展应用研究的博士后，而且博士后经历被普遍认为是为寻找学术职业做准备。然而，由于生成式人工智能带来的技术变革，大量重复性工作将被人工智能替代，可能会进一步加剧高校学术职业竞争。因此，为顺应时代变迁与知识经济的发展趋势，亟须优化博士后人才培养类型，探索产学研合作下的博士后培养机制，加大对应用型博士后的培养力度，响应产业界对高素质创新型人才的需求；改变博士后的传统就业观，要求不仅博士后应突破传统学术职业的界限，将学术知识与实践应用相结合，探索跨学科、跨领域的职业发展路径，更应以开放、包容和前瞻性的视角，引领学术领域进行一场"自我革命"，推动学术领域的组织结构、研究方法以及人才培养等方面进行彻底性变革。其次，应促进产学研深度融合，激发博士后创新创业潜能，在实践中培育青年科技人才，推进博士后科研成果转移转化和破解我国"卡脖子"关键技术难题。例如，自 2021 年起，我国已举办了两届全国博士后创新创业大赛，在促进博士后深入了解产业需求、服务产业发展、推动产业转型等方面具有显著成效。在生成式人工智能引领新一轮科技革命和产业变革的背景下，亟须更多的博士后等高层次创新人才投身于传统产业的智能化改造升级和新兴产业的发展中，为生成式人工智能赋能新质生产力发展提供智力支撑。未来，应继续鼓励博士后参与企业研发项目，将先进技术应用于实际生产之中，将科研成果转化为实际产品或服务；支持博士后参与创新创业活动，扶持博士后创办高新技术企业或加入科技创新团队；设立科研成果转化基金，提供必要的资金支持和资源保障，促进高质量科技成果的商业化应用，推动我国高水平科技的自立自强。

第七章　早期学术研究人员的焦虑抑郁状况与基层支持体系建设

　　大力培养早期学术研究人员，解决早期学术研究人员成长过程中的现实问题，促进其身心健康发展，是中央人才工作的重点之一。在早期学术研究人员的精神健康方面，焦虑和抑郁是经常出现的关键词，并且与高强度工作、最大限度挤占生理时间、突发性疾病等密切相关。然而，当前社会和各级组织单位对于早期学术研究人员的焦虑和抑郁等精神健康状况依旧关注不足。因此，亟须采取有效手段舒缓早期学术研究人员精神紧张状态，改善其焦虑与抑郁等精神健康问题。

　　在中央人才工作高度重视早期学术研究人员成长的宏观背景下，本章围绕早期学术研究人员成长过程中的精神健康问题，聚焦于早期学术研究人员的焦虑和抑郁状况，运用质性研究方法，探讨早期学术研究人员的焦虑和抑郁状况及其影响因素，并就发挥基层组织的作用、建立面向早期学术研究人员精神健康的初级卫生保健服务网络提出对策建议，以更好地促进早期学术研究人员身心健康发展。

第一节　早期学术研究人员的焦虑抑郁影响因素与防治措施研究现状

一、早期学术研究人员焦虑状况及其影响因素

青年科技工作者是国家创新体系建设发展的主力军。在科技部首批启动的"十四五"国家重点研发计划重点专项中，有 43 个专项设立青年科学家项目，占比约达 80%。[①]但在青年科技工作者快速成长、作出卓越贡献的同时，其心理健康状况也成了社会关注的焦点，青年科研人员"心病"亟待解决。一项针对我国超过 1 万名科技工作者的调查数据显示，有一定比例的科技工作者可能有不同程度的焦虑，其中部分科技工作者属于中重度焦虑，中级职称科技工作者焦虑程度最高。[②]2009 年和 2017 年对中国 35 岁及以下青年科技工作者的大规模调查结果显示，49.7% 的青年科技工作者存在焦虑问题。[③]同时，科技工作者的焦虑水平随着时间发展呈现逐渐升高的趋势，科技工作者中具有轻、中、重度焦虑问题比例从 2017 年的 39.9%、6.3% 和 1.9% 分别上升至 2019 年的 42.2%、8.8% 和 4.5%。青年科技工作者的焦虑状况在年龄与职称方面也存在差异。在年龄差异方面，40 岁以下的青年科技工作者表现出更为突出的焦虑问题；在职称差异方面，具有中级职称的科技工作者焦虑水平最高，其次为无职称、副高级和初级职称的科技工作者，正高级科技工

---

① 刘梅颜．关注青年科技工作者身心健康［J］．北京观察，2022（4）：38-39.

② 杨洁，邱晨辉．如何为科研人员心理减负［N/OL］．中国青年报，2021-04-20(08)[2023-03-10]. https://zqb.cyol.com/html/2021-04/20/nw.D110000zgqnb_20210420_1-12.htm.

③ 王雅芯，郭菲，刘亚男，等．青年科技工作者的心理健康状况及影响因素［J］．科技导报，2019，37（11）：35-44.

作者的焦虑水平相对较低。①

焦虑是个体预料将会有某种不良后果或模糊威胁时出现的一种不愉快情绪,其特点是紧张不安、忧虑、烦恼、害怕和恐惧。②焦虑本质上是一种人类情绪,可以针对任何事件或行为而出现,如容貌焦虑③、健康焦虑④、身份焦虑⑤、就业焦虑⑥以及科研焦虑⑦等。一般性焦虑水平的测量主要依赖于心理学量表测量,例如抑郁焦虑压力-21量表(DASS-21)、状态-特质焦虑量表(STAI)。⑧超过一定水平的焦虑,可被临床诊断为焦虑症。焦虑症是一种精神疾病,需要医生诊断,无法通过心理学量表直接断定。

焦虑的一般性影响因素涉及众多领域,经归纳可分为五个类别:社会因素、家庭因素、个人条件、生活习惯和人际交往。第一,社会压力与客观环境的变化、社会转型中的不确定因素、社会文化因素、社会地位等因素会对人们的心理产生巨大的影响。具体而言,社会压力与客观环境的变化往往导致社会焦虑;社会转型所带来的人生的不确定性以及未来的不可预期性使不

①　郭菲、陈祉妍.科技工作者心理健康需求与服务现状[J].科技导报,2019, 37(11):18-27.

②　陈至立.辞海[M].上海:上海辞书出版社,2020:1095.

③　许高勇,郑淑月."容貌焦虑":议题、身份与文化征候[J].传媒观察,2022(9):59-64.

④　NICOLE M ALBERTS ,HEATHER D H, SHANNON L T. The Short Health Anxiety Inventory: a systematic review and meta-analysis[J]. Journal of Anxiety Disorders, 2013, 27(1) : 68-78.

⑤　蒋建国,赵艺颖."夸夸群":身份焦虑、夸赞泛滥与群体伪饰[J].现代传播(中国传媒大学学报),2020, 42(2):70-75.

⑥　范俊强,黄雨心,徐艺敏,等.就业焦虑:毕业前大学生心理压力及其纾解[J].教育学术月刊,2022(9):75-82.

⑦　李宗波,彭翠,陈世民,等.辱虐型指导方式对科研创造力的影响:科研焦虑与性别一致性的作用[J].中国临床心理学杂志,2019, 27(1):158-162.

⑧　JULIAN L J. Measures of anxiety: State-Trait Anxiety Inventory (STAI), Beck Anxiety Inventory (BAI), and Hospital Anxiety and Depression Scale-Anxiety (HADS-A) [J]. Arthritis Care Res. 2011, 63(S11): S467 - 72.

同年龄段的社会成员产生焦虑情绪[①]；多元化价值观会使人们的内心产生强烈的心理冲突，人们当价值需求得不到满足或者受到严重威胁时会产生焦虑[②]；社会地位低的群体更容易出现焦虑问题，在社会因素的持续作用下，焦虑有可能从个体性心理问题转化为社会性心理问题[③]。第二，家庭关系紧张、子女养育压力大和家庭成员患病使得科技工作者有更高的抑郁和焦虑情绪。[②]第三，个体的异质性也是导致焦虑的重要因素。[④]焦虑情绪受到自身认知因素的影响，与个体的控制感密切相关。[⑤]当个体感知到对潜在的负面事件无法预测以及失去控制时，焦虑障碍发生的风险就会上升。[⑥]第四，睡眠质量、锻炼方式等生活习惯与焦虑密切相关。焦虑情绪与睡眠潜伏期的增加以及睡眠质量的下降有关。[⑦]焦虑症患者的身体活动模式的特点是久坐，因此通过减少静坐的次数、时间以及增加轻度运动等方式可以对焦虑起到一定的缓解作用。[⑧]第

---

① 俞国良.当前公众心理健康状况与社会焦虑的纾解 [J].人民论坛，2021，716（25）：78-80.

② 王丽萍.转型期的文化多元、文化冲突对社会焦虑的影响 [J].山东社会科学，2018，270（2）：93-98.

③ 华红琴，翁定军.社会地位、生活境遇与焦虑 [J].社会，2013，33（1）：136-160.

④ TAO C, YONGYI B, ZONGFU M, et al. Identifying factors influencing mental health development of college students in China[J]. Social Behavior and Personality: an International Journal, 2002, 30(6): 547-559.

⑤ MATTHEW W GALLAGHER, KATE H BENTLEY, DAVID H BARLOW. Perceived Control and Vulnerability to Anxiety Disorders: A Meta-analytic Review[J]. Cognitive Therapy and Research, 2014, 38(6): 571-584.

⑥ 尧丽，郭阳，周诗雨，等.大学生控制感对状态焦虑的影响 [J].中国心理卫生杂志，2022，36（11）：970-974.

⑦ YU J D, IRIS R, JOHNSON F, et al. Sleep correlates of depression and anxiety in an elderly Asian population.[J]. Psychogeriatrics : The Oficial Journal of the Japanese Psychogeriatric Society, 2016, 16(3): 191-5.

⑧ HELGADOTTIR BJORG, YVONNE F, ORJAN E, et al. Physical Activity Patterns of People Affected by Depressive and Anxiety Disorders as Measured by Accelerometers: A Cross-Sectional Study[J]. PLoS ONE, 2015, 10(1):e0115894.

五,人际交往过程中的负面评价恐惧①以及社会排斥是焦虑情绪产生的重要影响因素。负面评价恐惧是社交焦虑的核心特质②,人们当感知到来自周围环境的排斥时,会激发对他人评价的不良反应,进而导致社交焦虑的发生③。在一般性影响因素之外,病理性焦虑是种夸张的恐惧状态,是杏仁核和扩展杏仁核在内的恐惧回路过度兴奋性的表现。④此外,对科研成果的追求以及科研考核压力也是造成早期学术研究人员焦虑的重要因素之一。兴趣与考核指标之间的矛盾给部分早期学术研究人员的发展带来了压力和困扰。⑤"非升即走"政策在国内的逐步推广实施使作为科技人才代表的高校青年教师面临着愈来愈大的压力,学术发表、职称晋升、同伴竞争、课程教学以及环境适应成为压在青年教师身上的"五座大山",职称晋升和学术发表更是成为加剧其职业焦虑最主要的因素。⑥

已有文献针对焦虑展开了广泛的研究。从焦虑的类型上来说,包括考试焦虑、就业焦虑、外貌焦虑、健康焦虑、学业焦虑、身份焦虑、科研焦虑等类别;从焦虑的主体上来说,涵盖教师、儿童、家长、大学生、老年人、患者等群体;从焦虑的影响因素来说,涉及社会因素、家庭因素、个人条件、生活习惯、人际交往等方面。但在国内外研究之中,几乎难以找到仅针对早期学术研究人员群体焦虑状况、影响因素以及防治措施的相关研究。从早期学术研究人员这一特殊群体出发,现有文献主要关注早期学术研究人员的引

---

① 陈必忠,张绮琳,张瑞敏,等.线上社交焦虑:社交媒体中的人际负性体验[J].应用心理学,2020,26(2):180-192.

② 刘洋,张大均.评价恐惧理论及相关研究述评[J].心理科学进展,2010,18(1):106-113.

③ 贾彦茹,张守臣,金童林,等.大学生社会排斥对社交焦虑的影响:负面评价恐惧与人际信任的作用[J].心理科学,2019,42(3):653-659.

④ SHIN LM, LIBERZON I. The Neurocircuitry of Fear, Stress, and Anxiety Disorders[J]. Neuropsychopharmacol. 2010,35(1): 169-91.

⑤ 蒋苗,邓怡.高校青年科技人才发展的需求与困境[J].中国高校科技,2017(10):45-48.

⑥ 田贤鹏,姜淑杰.为何而焦虑:高校青年教师职业焦虑调查研究——基于"非升即走"政策的背景[J].高教探索,2022(3):39-44+87.

进培养、成长提升、创新发展以及激励评价等方面，强调打造一支高素质的早期学术研究人才队伍，发挥早期学术研究人员在国家创新体系建设发展中的生力军作用。早期学术研究人员在快速成长、作出卓越贡献的同时，工作与生活中的种种压力也对其心理健康造成了较大的破坏，轻中度焦虑状况在这一群体中相对普遍。综上所述，在当前早期学术研究人员的焦虑现状不容乐观、早期学术研究人员的"心病"问题亟待解决的背景下，建立心理健康检测机制，对早期学术研究人员的焦虑状况展开针对性调查，加强相关心理健康服务的供给，构建适合于早期学术研究人员的精神健康初级卫生保健网络迫在眉睫。

二、早期学术研究人员抑郁状况和影响因素

近年来，早期学术研究人员的抑郁症状正呈逐渐恶化的趋势。2009 年和 2017 年对中国 35 岁及以下青年科技工作者的大规模调查结果显示，21% 的青年科技工作者存在不同程度的抑郁问题，并且相对其他年龄群体有更多抑郁倾向。[①]2019 年科技工作者心理健康状况调查显示，近 25% 的调查对象有不同程度的抑郁表现，其中 17.6% 的科技工作者有抑郁倾向，6.4% 的科技工作者可被划分为高度抑郁风险群体，且抑郁风险越高的科技工作者中自杀意念的比例也急剧上升。[②]抑郁的常见表现有情绪低落沮丧、精力减退、注意力下降等，不仅给科技工作者的学习、工作、正常生活和人际交往活动等带来严重影响，而且会给家庭和社会带来沉重负担。

一般性抑郁的测量手段主要是基于各类自评心理学量表，例如抑郁焦虑压力 -21 量表和抑郁自评量表（SDS）。但是，心理学量表同样只能作为抑郁测量的辅助手段，无法作为确诊的依据。抑郁的治疗往往需要依靠患者自身积极主动地就诊和配合，对于患者来说还存在着社会"污名化"的就诊风险。

---

① 王雅芯，郭菲，刘亚男，等.青年科技工作者的心理健康状况及影响因素 [J].科技导报，2019，37（11）：35-44.

② 郭菲，陈祖妍.科技工作者心理健康需求与服务现状 [J].科技导报，2019，37（11）：18-27.

近些年来，兴起了机器学习等一系列更为先进的抑郁风险预测与识别方法，能够基于大数据，利用深度学习等方法挖掘潜在心理疾病风险人群的各类社会和行为特征，进而精准地模拟、识别和预测抑郁状态。[①]

影响早期学术研究人员抑郁程度的因素较为复杂，一般性的影响因素可以分为四类：人口学特征、生活方式、生活环境和社会支持。人口学特征主要包括性别和年龄差异，但已有研究还未得出一致结论。从性别上看，有研究发现男性科技工作者的心理健康素养水平高于女性科技工作者，但也有研究发现抑郁程度不存在统计学意义，而且面向早期学术研究人员的研究也发现男性和女性的抑郁程度并不存在显著差异。[②,③,④] 早期学术研究人员中抑郁程度的性别差异，反映了两性之间的生理差异（如遗传脆弱性、激素等）、自我概念差异，社会予以两性不同的角色期望也会导致不同的情感反应和行为方式。[⑤] 从年龄上看，科技工作者的抑郁程度呈现出随年龄增加而降低的趋势，而且35岁以下青年科技工作者的抑郁程度显著高于其他年龄段的科技工作者。[②] 一项面向信息技术（IT）科技人才的研究发现，相对其他年龄组，26—30岁和36—40岁IT科技工作者的抑郁程度更高。[⑥] 早期学术研究人员中存在的抑郁问题在很大程度上也可归因于当代人普遍存在的不良生活方式。

① SRIVIDYA M，MOHANANALLI S，BHALAJI N．Behavioral modeling for mental health using machine kearning algorithms[J]. Journal of Medical Systems, 2018, 42(5): 88.

② 郭菲，陈祉妍.科技工作者心理健康需求与服务现状 [J].科技导报，2019, 37（11）：18-27.

③ 雷秀雯，袁也丰，廖萍，等.科研人员焦虑、抑郁状况及影响因素分析 [J].中国公共卫生，2012, 28（8）：1096-1098.

④ 明志君，王雅芯，陈祉妍.科技工作者心理健康素养现状 [J].科技导报，2019, 37（11）：9-17.

⑤ GAO W，PING S，LIU X．Gender differences in depression, anxiety, and stress among college students: A longitudinal study from China[J]. Journal of Affective Disorders, 2019, 263：292-300.

⑥ 郭菲，王雅芯，刘亚男，等.科技工作者心理健康状况及影响因素 [J].科技导报，2020, 38（10）：90-102.

首先，缺乏规律的体育运动会增加个体患抑郁症的风险。[①]体育运动一定程度上有助于个体保持身体健康，而身体健康与心理健康状况具有强烈关联。因此，当参加越多的体育运动时，身体状况越好，抑郁风险越低。其次，早期学术研究人员的心理健康状况与其睡眠质量也呈正相关，睡眠质量越好，其心理健康状况也越好。[②,③,④]

从生活环境对抑郁的影响上看，有研究发现以主观社会阶层为中介，个体对社区环境的感知影响其抑郁程度，且居住环境和公共设施影响最大。[⑤]经济收入是影响个体主观社会阶层判断的因素之一，也直接影响个体的生活质量。有研究发现，月收入越低的科技工作者，其抑郁程度越高。[①]从社会支持对抑郁的影响上看，有研究发现家庭对工作的积极影响与科技工作者的抑郁程度呈负相关，家庭对工作的消极影响与科技工作者的抑郁程度呈正相关。[⑦]当早期学术研究人员的工作与家庭间保持越高的良性互动时，其心理健康程度越高，抑郁情绪越低，且睡眠质量越好，反之亦然。婚恋状况也对早期学术研究人员的抑郁程度具有一定影响，未婚且无稳定交往对象的早期学术研究人员抑郁倾向往往要高于其他人。[⑤]同事关系往往也是影响科技人才抑郁情绪的因素。[②]此外，早期学术研究人员的抑郁程度同样会受到科研压力和科研考核的影响。早期学术研究人员面临着较高的技能发展需求和较重的工作压力，有研究发现当早期学术研究人员在工作中学习、应用到的新知识新技能

---

① LI Y，ZHAO J，MA Z，et al. Mental health among college students during the COVID-19 Pandemic in china: A 2-wave longitudinal survey[J]. Journal of Affective Disorders, 2020, 281(1): 597-604.

② 侯金芹，陈祉妍.工作家庭外溢对科技工作者身心健康的影响［J］.科技导报，2019，37（11）：28-34.

③ 李婧，王家同，苏衡，等.某医科大学科研人员睡眠质量及其相关影响因素分析［J］.第四军医大学学报，2006（4）：325-328.

④ 潘若愚，张丽军，陶淑慧，等.中青年科技工作者高血压与失眠、焦虑抑郁现状分析［J］.中国循证心血管医学杂志，2022，14（3）：308-312.

⑤ ZHANG L, WU, L. Community environment perception on depression: the mediating role of subjective social class.[J] International Journal of Environmental Research and Public Health, 2021,18(15), 8083.

越多，得到同事和领导的支持越多时，其抑郁程度越低。① 而且，早期学术研究人员的抑郁程度和工作倦怠呈正相关，因此抑郁等负面情绪将直接影响其工作投入度。②

近年来，我国早期学术研究人员的抑郁症状正呈逐渐恶化的趋势，相关研究仍需要进一步拓展。从研究对象上看，已有研究主要面向教育领域、IT领域和医疗卫生系统的科技工作者。早期学术研究人员是我国科研创新的主力军，面临着更为严峻的心理健康状况，但仅个别研究专门调查了早期学术研究人员的心理健康状况及影响因素。从测量工具上看，已有研究多采用评估个体抑郁程度时使用的通用问卷（流调中心抑郁量表、抑郁复查量表等），缺乏面向早期学术研究人员的更全面的测量问卷。此外，影响早期学术研究人员抑郁程度的因素较为复杂，应从一般性和专业性维度综合分析。最后，随着心理健康服务的完善，针对早期学术研究人员的抑郁防治措施应考虑多元主体参与的一般性防治措施和专业的干预治疗双管齐下，重视早期学术研究人员的抑郁问题，采取及时且有效的干预手段。

三、早期学术研究人员焦虑抑郁的一般性治疗措施

抑郁、焦虑的缓解和治疗措施是医学领域、心理学领域的重要研究主题，许多学者关注到了不同群体的抑郁、焦虑状况，并展开了一系列深入研究，取得了丰硕的成果。大学生群体与早期学术研究人员群体具有相似性，提高其心理健康水平，缓解焦虑和抑郁应从内外两方面着手。一方面应提高个体的自控能力与认知能力，在察觉自身的消极情绪时，要采取一定的行动措施去改善自己的状态，另一方面则应该从环境入手，例如所在单位应该加强心理健康的宣传教育、定期开展心理健康的讲座等。③ 心理学研究发现，社会支

---

① 郭菲，陈祉妍.科技工作者心理健康需求与服务现状 [J].科技导报, 2019, 37（11）: 18-27.

② 陈祉妍，刘正奎，祝卓宏，等.我国心理咨询与心理治疗发展现状、问题与对策 [J]. 中国科学院院刊, 2016, 31（11）: 1198-1207.

③ 华婉晴.在校大学生抑郁、焦虑及压力现况研究 [D].吉林大学, 2020.

持与抑郁、焦虑有很强的相关性，是心理健康的保护因素。对于具有较大心理压力或心理疾病的高校学生、科技人才，应更多地给予其支持和关爱，使其感受到集体的温暖。① 除此之外，诸多研究也提出了一些颇有参考价值的建议以缓解早期学术研究人员的焦虑和抑郁：政府层面应为早期学术研究人员的心理健康提供管理制度层面的保障，建立健全科技人才休息休假的福利待遇；组织层面应建立公正合理的考核评价体系，减轻其科研工作压力；个人层面应引导科技人才提高心理健康意识，改善生活方式。② 此外，也可以从科技人才培养过程入手，建立新的人才培养质量观，完善心理健康教学体系，促进心理教育系统化发展。③,④

　　焦虑、抑郁具有不同的表现症状，其缓解措施也具有不同。焦虑的防治措施可以分为三类：一般性干预、基于网络的干预和基于神经的干预。其中，一般性干预主要是采用心理辅导等措施。积极心理学取向的团体心理辅导通过团体内的人际互动与人际学习等因素提高参与者的主观幸福感⑤，能有效改善参与者的心理健康状况、降低参与者的焦虑和抑郁水平⑥。此外，还可以运用认知行为疗法、心理动力学疗法开展心理干预。⑦ 认知行为疗法被广泛证实在治疗成人焦虑症中具有优越性，其中，认知疗法和暴露疗法单独、组合或

　　① 范瑞泉，陈维清. 大学生社会支持和应对方式与抑郁和焦虑情绪的关系 [J]. 中国学校卫生，2007（7）：620-1.

　　② 梁梦凡. 科技领军人才健康状况及影响因素研究 [D]. 西安工程大学，2016.

　　③ 薛春艳，刘时新. 工程科技人才培养的心理健康之维 [J]. 高等工程教育研究，2018（4）：95-100.

　　④ 张建卫，滑卫军，任永灿. 高校国防科技人才心理素质教育的发展现状与改进策略——基于国防科技行业毕业生的实证研究 [J]. 黑龙江高教研究，2018，36（12）：16-21.

　　⑤ 何瑾，樊富珉，刘海骅. 舞动团体提升大学生心理健康水平的干预效果 [J]. 中国临床心理学杂志，2015，23（3）：560-563+566.

　　⑥ 李永慧. 希望特质团体心理辅导对大学生考试焦虑干预效果研究 [J]. 中国临床心理学杂志，2019，27（1）：206-209+142.

　　⑦ CRASKE M G. Anxiety disorders: psychological approaches to theory and treatment [M]. Boulder,Colo: Westview Press, 1999.

与放松训练相结合，对焦虑症均有效。[①] 运动、催眠、自体训练和生物反馈或补充医学方法（如针灸、整骨疗法或顺势疗法）通常也用于治疗临床焦虑症，成为药物治疗的辅助方法。[②] 基于网络的干预治疗主要利用网络数据和人工智能方法进行识别和精准治疗。网络认知疗法以认知行为疗法为理论基础，将治疗内容以文本、图片、音频或视频等形式通过网络进行呈现[③]，对广泛性焦虑障碍具有良好的疗效[④]。近年来，"虚拟现实"的心理治疗[⑤] 成为针对特定恐惧症的一种有前途的新方法[⑧]；通过机器学习的人工智能能够预测哪些人更容易焦虑，为更密切的监测与更早期的干预提供信息[⑥]。暴露疗法是焦虑相关障碍的有效治疗方法，虚拟现实暴露疗法作为计算机虚拟技术与暴露疗法的结合，能够突破时间与空间的限制，让患者沉浸在虚拟现实技术创造的虚拟环境中进行治疗。[⑦] 对于心理治疗尚未普及的地区，互联网治疗提供了成本更为低廉的替代性选择。然而基于网络的干预治疗却存在医疗保险系统的报销、数据保护、非直接接触的"远程诊断"、自杀评估和法医学方面的问题。基

①　NORTON P J , PRICE E C .A meta-analytic review of adult cognitive-behavioral treatment outcome across the anxiety disorders[J].Journal of Nervous & Mental Disease, 2007, 195(6):521–531.

②　BANDELOW B, MICHAELIS S, WEDEKIND D. Treatment of anxiety disorders[J]. Dialogues in clinical neuroscience, 2017, 19(2): 93–107.

③　刘志远，任学柱，王工斌，等.网络认知行为治疗干预大学生焦虑情绪的随机对照试验 [J].中国心理卫生杂志，2020，34（3）：159–165.

④　SHANNON L JONES, HEATHER D HADJITAVROPOULOS, JOELLE N SOUCY. A randomized controlled trial of guided internet-delivered cognitive behaviour therapy for older adults with generalized anxiety[J]. Journal of Anxiety Disorders, 2016, 37: 1–9.

⑤　GILROY L J, KIRKBY K C, DANIELS B A, et al. Controlled comparison of computer-aided vicarious exposure versus live exposure in the treatment of spider phobia [J]. Behavior Therapy, 2000, 31(4): 733–44.

⑥　HANA ALHARTHIl. Predicting the level of generalized anxiety disorder of the coronavirus pandemic among college age students using artificial intelligence technology[C]//.Proceedings of 2020 19th International Symposium on Distributed Computing and Applications for Business Engineering and Science(DCABES 2020). 2020: 224–227.

⑦　惠慧，洪昂，王振.虚拟现实暴露疗法在焦虑相关障碍治疗中的新进展 [J].中国临床心理学杂志，2022，30（5）：1218–1223.

于神经的干预主要采用某些药物进行治疗，通过研究调节动物恐惧行为的机制，药学领域开发了具有抗焦虑特性的化合药物[①]，例如使用帕罗西汀被证明是治疗社交恐惧症（SAD）的有效长期方法[②]；β 受体阻滞剂能够阻断过量的肾上腺素，通过减少心跳加速、身体震颤等方式改善表演者的过度焦虑表现[③]。另外，对焦虑症状的诊断与治疗应当考虑不同区域的文化背景[④]，不同国家、区域对焦虑症状的重视程度不同。社会舆论与压力往往阻碍了科技人才积极参与心理诊治，因而成为科技人才心理健康问题频发的重要原因之一。

　　抑郁的防治措施可以分为一般性措施和专业性措施两类。首先，一般性措施主要从抑郁症风险人群所能够接触到的各类主体切入，强调抑郁防治过程中多元主体参与的重要性。尽管当前早期学术研究人员具有较高的心理健康服务需求，然而仅有极少数人曾经寻求过心理咨询或其他心理健康服务，障碍主要包括费用问题、社会偏见问题等[⑤]。其次，专业性措施主要指以专业学科知识为理论支撑进行专业的干预治疗。比如，认知行为疗法旨在改变个体的思想和行为，是迄今为止应用最广泛的抑郁症治疗方法，基于认知行为疗法的正念干预可以有效缓解抑郁症状[⑥]。此外，随着互联网技术的发展，一

---

①　MURROUGH JW, YAQUBI S, Sayed S, et al. Emerging drugs for the treatment of anxiety [J]. Expert Opinion on Emerging Drugs, 2015, 20(3): 393–406.

②　STEIN D J, VERSIANI M, HAIR T, et al. R. Efficacy of paroxetine for relapse prevention in social anxiety disorder: a 24–week study[J]. Archives of General Psychiatry, 59(12):1111–1118.

③　刘明明 . 音乐表演焦虑研究综述 [J]. 中央音乐学院学报，2021（1）：81-91.

④　KIRMAYER L J. Cultural variations in the clinical presentation of depression and anxiety: implications for diagnosis and treatment [J]. Journal of Clinical Psychiatry, 2001, 62: 22–30.

⑤　潘若愚，张丽军，陶淑慧，等 . 中青年科技工作者高血压与失眠、焦虑抑郁现状分析 [J]. 中国循证心血管医学杂志，2022，14（3）：308-312.

⑥　TEASDALE J D, SEGAL Z V , WILLIAMS J , et al. Prevention of relapse/recurrence in major depression by mindfulness–based cognitive therapy [J]. J Consult Clin Psychol, 2000, 68(4): 615–623.

些技术与认知行为疗法相结合，通过生态瞬时干预减轻抑郁症状。[①] 但是，一些国内新兴的疗法仍需进一步研究，以验证其在我国的适用效果。[②] 具体来说，常见的专业治疗药物包括三环类抗抑郁药、选择性血清素再摄取抑制剂以及噻奈普汀等往往具有一定副作用，会对早期学术研究人员的认知、生活等造成较大影响。相关研究也表明严重抑郁症患者需要抗抑郁药物治疗，而非严重抑郁症患者可能会从其他方法（"非生物学治疗方法"）中受益。[③] 因而更建议对科技人才进行早期的抑郁排查、预防，并且采用一般性方法开展治疗：心理疗法是轻度至中度、非双相、非精神病性重度抑郁症的重要治疗方法之一，认知行为和人际关系心理治疗也被证明与抗抑郁药物的疗效相同。[④] 短期的心理动力学治疗也被应用于治疗抑郁症状。[⑤] 除此之外，心理咨询师的支持性护理可能对医患关系至关重要，可以为鼓励服药依从性提供辅助性的帮助。对抑郁症治疗的进一步研究发现抑郁症是一种慢性的、经常复发的疾病。因此，除了经常性的药物治疗，持续、间隔性的心理干预成为抑郁症治疗的未来保护措施，尤其是人际关系心理疗法可以作为维持性的辅助治疗方法预防抑郁复发。[⑥] 抑郁症的诱发因素包括个人人格、心理、外界压力、社会环境等多方

---

① MARCINIAK M A , SHANAHAN L , Rohde J ,et al.Standalone smartphone cognitive behavioral therapy–based ecological momentary interventions to increase mental health: Narrative review[J].JMIR Mhealth and Uhealth, 2020, 8(11).

② 陈祉妍, 刘正奎, 祝卓宏, 等 . 我国心理咨询与心理治疗发展现状、问题与对策 [J]. 中国科学院院刊, 2016, 31（11）: 1198–1207.

③ DUVAL F, LEBOWITZ B D, MACHER J–P. Treatments in depression [J]. Dialogues in Clinical Neuroscience, 2006, 8(2): 191–206.

④ JARRETT R B, JOHN RUSH A. Short–term psychotherapy of depressive disorders [J]. Psychiatry, 1994, 57(2): 115–32.

⑤ DRIESSEN E, HEGELMAIER L M, ABBBASS A A, et al. The efficacy of short–term psychodynamic psychotherapy for depression: A meta–analysis update [J]. Clinical Psychology Review, 2015, 42: 1–15.

⑥ REYNOLDS III C F, FRANK E, PEREL J M, et al. Nortriptyline and interpersonal psychotherapy as maintenance therapies for recurrent major depression: A randomized controlled trial in patients older than 59 years [J]. Jama, 1999, 281(1): 39–45.

要素，因而对抑郁症的治疗也应从多方入手，除了进行个人干预，还要增加社会对抑郁症的重视与关注，营造良好的治疗环境，减轻抑郁症患者的心理负担。

因焦虑或抑郁症状而请求治疗的大多数患者（74% 左右）就医于初级保健医生而非精神卫生工作者，所以焦虑、抑郁等心理问题是初级保健机构中最常见的心理疾病之一。研究证实，国外的初级医疗保健对焦虑、抑郁等心理问题的诊治不足。[1][2] 我国初级医疗保健系统中也存在同样的问题：在基层保健就医的病例中，约有 50% 的患者被漏诊，即使被诊断了，也仅有少于 10% 的病例得到了恰当的治疗[3]。当下对焦虑、抑郁干预举措的研究大多集中于心理疗法与药物疗法两部分，尽管具有丰硕的研究成果，形成了完备的治疗体系，但与初级医疗保健相结合的研究较少。焦虑、抑郁等心理问题的治疗措施如何更好地融入初级保健体系成为未来研究的一项重要课题。此外，虽然我国近些年对心理健康问题的重视程度明显提高，但早期学术研究人员这一群体中的焦虑、抑郁等心理健康问题仍未受到广泛关注。党的二十大报告指出，教育、科技、人才是全面建设社会主义现代化国家的基础性、战略性支撑。要坚持人才是第一资源。完善人才战略布局，加快建设国家战略人才力量，深化人才发展体制机制改革，培养造就大批德才兼备的高素质人才，聚天下英才而用之。早期学术研究人员群体的特殊性和重要性不言而喻，在"人才强国"的战略支撑下，应该加强对这一群体心理健康问题的关注。积极寻求预防和治疗方法，进而为全面建设社会主义现代化国家提供高质量人才保障。

①　BANDELOW B, MICHAELIS S, WEDEKIND D. Treatment of anxiety disorders [J]. Dialogues in Clinical Neuroscience, 2022

②　GOLDMAN L S, NIELSEN N H, CHAMPION H C, et al. Awareness, diagnosis, and treatment of depression [J]. Journal of General Internal Medicine, 1999, 14(9): 569–80.

③　刘微，张薇，杨军. 初级保健中抑郁症的识别与治疗 [J]. 中国初级卫生保健，2001（10）：58–9.

四、早期学术研究人员初级卫生保健服务需求

初级卫生保健是患者获得医疗保健服务的重要切入点。[①] 世界卫生组织（WHO）将初级卫生保健定义为"一种全社会参与卫生事业的方法，……尽可能贴近人们的日常环境"。世界卫生组织认为初级卫生保健的目标是普及全民健康，侧重在日常环境中获得高质量的全面保健，并且鼓励调动个人、家庭和社区的参与并赋予其权能。初级卫生保健是最基础或最基本的卫生保健，是实现"人人享有卫生保健"目标的基本途径和必由之路。初级卫生保健采用成本低廉的适宜技术，重在预防性投入，为了人民福祉和国家的长远利益，以最经济有效的手段将有限的卫生资源投入可直接获取国民健康收益的领域，是提高卫生公平性的最有效途径。[②]

如今，在医疗资源紧张的背景下，初级卫生保健是一种有效模式。美国等国家近年也在不断强化初级卫生保健，形成了一定经验。[③] 在美国，医生、执业护士和医生助理提供了美国大部分的精神卫生服务，这些提供者通常承担着诊断和治疗常见心理健康障碍的责任。[④] 2010 年，20% 的初级卫生保健中精神卫生服务医生就诊包括抑郁症筛查、咨询、心理健康诊断或就诊原因、心理治疗或提供精神药物。[⑤] 然而，一些研究已经确定了初级卫生保健服务的提供者在提供精神卫生服务时面临的障碍，如资源不足、相关知识不足和时

[①] STARFIELD B, SSHI L, MACINKO J. Contribution of primary care to health systems and health.[J] The Milbank Quarterly, 83(3), 457–502.

[②] 孙维哲，梁晓峰. 初级卫生保健发展回顾与疾控作用的思考 [J]. 中国公共卫生，2019，35（7）：797–800.

[③] 汪洋，韩建军，许岩丽. 大洋彼岸的涛声——美国新版初级卫生保健质量评估策略对中国全科医疗服务质量评估体系的启示 [J]. 中国全科医学，2019，22（16）：1889–1899.

[④] OLFSON M，BLANCO C，WANG S，et al. National trends in the mental health care of children, adolescents, and adults by office–based physicians[J]. Jama Psychiatry, 2014, 71(1): 81.

[⑤] CHERRY D K，SCHAPPERT S M. Percentage of mental health - related primary care office visits, by age group — National ambulatory medical care survey, United States, 2010[J]. Mmwr Morbidity & Mortality Weekly Report, 2014, 63(47).

间不足。[1][2] 这些障碍都可能会阻碍提供者们继续向患者提供精神卫生服务。同时，越来越多的欧洲国家政府呼吁重建初级卫生保健服务体系，很多国家采取了一系列改革措施来强化初级卫生保健服务体系。通过初级卫生保健服务来改善卫生服务的供给，突出以人为本的卫生保健服务特色，强调卫生服务的协调性与整体性，提供综合、连续、可获得的初级卫生保健服务，为我国完善初级卫生保健服务体系提供了许多经验。[3]

中华人民共和国成立 70 年以来，我国一直在丰富着初级卫生保健（PHC）的内涵和实践，用较小的投入取得了较好的健康绩效。[4] 我国积极响应世界卫生组织（WHO）的以人为本的综合卫生服务（People-centered integrated health care, PCIC）全球战略[5]，以医疗联合体为抓手推进分级诊疗制度建设，加快构建优质高效的整合型医疗健康服务体系，并将其作为健康中国战略的重要内容，同时出台相关配套政策，以更好指导地方实践。[6] 同时，我国建立了以政府投入为主导的初级卫生保健体系，公共卫生服务主要通过政府筹资，为政府举办的公立基层医疗机构的人员经费、发展建设和业务经费提供全额补助。对于民营基层医疗机构，政府并不补助其全部运营经费。[7]2009 年新医

① COOPER S, VALLELEY R J, POLAHA J, et al. Running out of time: physician management of behavioral health concerns in rural pediatric primary care. [J] Pediatrics, 2006,118(1), e132–e138.

② LOEB D F , BAYLISS E A , BINSWANGER I A , et al. Primary care physician perceptions on caring for complex patients with medical and mental illness[J]. Journal of General Internal Medicine, 2012, 27(8): 945–952.

③ 王小万，崔月颖，李奇峰 . 欧洲重建初级卫生保健服务体系的理念与措施 [J]. 中国卫生政策研究，2010，3（3）：45–50.

④ 秦江梅，林春梅，张艳春，等 . 新中国 70 年初级卫生保健回顾与展望 [J]. 中国卫生政策研究，2019，12（11）：6–9.

⑤ 代涛 . 我国卫生健康服务体系的建设、成效与展望 [J]. 中国卫生政策研究，2019，12（10）：1–7.

⑥ 胡佳，郑英，代涛，等 . 整合型医疗健康服务体系理论框架的核心要素与演变特点——基于系统综述 [J]. 中国卫生政策研究，2022，15（1）：11–19.

⑦ 杜创 .2009 年新医改至今中国公共卫生体系建设历程、短板及应对 [J]. 人民论坛，2020（C1）：78–81.

改以来，内地的基层医疗服务体系成为医改的重点领域，政府财政投入大幅度增加，基层设施设备和人才队伍建设逐步完善[1]，促进了初级卫生保健体系的进一步革新。然而，虽然我国积极倡导政府、市场、社会和个人多方参与的初级卫生保健共建共治共享，但长期形成的以政府为主导，大多为自上而下、单向度的行政命令和行政权威的治理模式，缺乏多元主体的共同参与，有效治理格局尚未形成，不同主体的服务提供者参与整合的积极性不高，健康服务体系协同性较差，[2]社会与个人参与疾病预防和健康促进的微观约束激励机制尚未健全，难以为早期学术研究人员这一特定群体提供适当的心理健康服务。此外，由于我国初级卫生保健中的精神卫生服务还在起步阶段，尽管早期学术研究人员对于初级卫生保健服务的需求十分迫切，但我国缺乏针对性、专门化和系统化的服务。相关研究也已经指出我国当前针对早期学术研究人员精神状况提供的卫生保健服务非常缺乏，应强化各级青年组织对早期学术研究人员心理健康服务的支持和帮助。具体来说，在总体加强早期学术研究人员心理服务建设和管理的基础上，发挥共青团等青年人组织的优势，积极鼓励并定期组织相关的心理健康服务；依靠新兴互联网技术手段补充心理服务形式，依托青年人对于互联网使用的普遍性，将心理援助的宣传和服务工作更紧密地与新形式相结合。[3]早期学术研究人员自身的健康状况、情绪调节能力以及适应环境和解决问题的能力与其心理健康关系密切，心理健康服务的资源不足和使用的主客观障碍可能会增加其心理健康问题发生和加重的风险。由此，需要重视科普和宣传，对科技工作者心理健康问题及时进行预防和干预，逐步建立和完善心理健康服务制度，增强心理健康服务的资源供给，

---

① XIONG S, Cai C, JIANG W, et al. Primary health care system responses to non-communicable disease prevention and control: A scoping review of national policies in Main-land China since the 2009 health reform[J]. The Lancet Regional Health-Western Pacific, 2022(2): 100390.

② 郑英.我国区域整合型医疗健康服务体系的治理逻辑与路径分析——基于多中心治理视角 [J].中国卫生政策研究，2022，15（1）：20-28.

③ 王雅芯，郭菲，刘亚男，等.青年科技工作者的心理健康状况及影响因素 [J].科技导报，2019，37（11）：35-44.

确立心理健康监测机制并加强科普服务工作。[①] 同时，可以通过加强体检和心理咨询服务等方式，保障科技工作者身心健康。比如落实和完善体检制度，逐步探索将科技工作者心理健康测评列为常规健康体检项目；有条件的单位可设立心理咨询中心，为科技工作者提供心理保健和咨询服务；加强科技工作者身心健康教育和培训，开展日常身心健康教育；建立健全并落实科技工作者休假制度；等等。[②]

目前关于初级卫生保健服务的研究颇丰，但研究内容多为初级卫生保健服务的发展与制度的变革，研究对象多聚焦在全民或区域范围，针对早期学术研究人员群体的卫生保健服务的相关研究仍十分匮乏。处于不同职业发展阶段的早期学术研究人员面临不同的压力和困境，其身心健康程度和相关影响因素也存在差异，因此聚焦于早期学术研究人员这一群体进行细致且深入的研究具有重要意义。早期学术研究人员是国家科技人才储备资源的坚实力量，是落实国家科教兴国的中流砥柱，而其创造性及对人类社会发展作出贡献，以健康的身体和心理状况为前提。但对早期学术研究人员而言，在知识快速更迭、产出高度不确定的科技领域，快节奏、高技术、高风险、强竞争的科技工作带来的不仅是成功的机遇，同时还有无法回避的重压以及由此产生的心理问题。青年群体是科研工作的主力军，做好早期学术研究人员的心理健康保障工作，为科技人才营造一个友好的科研文化精神环境，为学术自由和创造力的释放留出空间，是吸引和留住人才的重要手段。同时，由于早期学术研究人员的规模较大，人才质量较高，并且绝大部分隶属于科研院所、高校等组织，通过基层单位构建面向早期学术研究人员精神健康的初级卫生保健系统，既符合 WHO 的倡导，又符合当前我国的社会实际。

---

① 郭菲，陈祉妍.科技工作者心理健康需求与服务现状 [J].科技导报，2019，37（11）：18-27.

② 石长慧，李睿婕，何光喜，等.我国科研人员身心健康状况及干预对策研究 [J].中国科技人才，2022（5）：51-59.

五、小结

宏观而言，已有研究针对焦虑、抑郁以及初级卫生保健服务已经做了非常广泛的研究，但是聚焦于早期学术研究人员群体的研究依旧十分匮乏。在国内外研究之中，几乎难以找到仅针对早期学术研究人员群体的焦虑、抑郁和卫生保健服务的相关研究，因此本章在进行文献综述时，也选取了针对一般人群焦虑与抑郁的研究，总结焦虑与抑郁的影响因素和防治措施。

但是，早期学术研究人员群体与其他群体有非常明显的区别：第一，该群体工作时间繁忙，不适合经常到医院门诊进行精神状况的评估和治疗；第二，该群体非常重视外界评价，对于精神疾病的"污名化"较为敏感，对医院诊断的敏感易导致讳疾忌医；第三，该群体都隶属于组织单位（科研机构、高校等），易于通过基层单位的群团组织、系所等构建合适的初级卫生保健服务网络。

基于早期学术研究人员群体的特殊性，在创新人才培养的目标下，细致研究其焦虑与抑郁现状和影响因素，以及对初级卫生保健服务的需求，并基于实际需求构建适合于早期学术研究人员的精神健康初级卫生保健服务网络迫在眉睫。

第二节　质性研究方法与过程

一、研究方法

本章采取质性研究方法探究早期学术研究人员的焦虑和抑郁状况及其影响因素。"质性研究"（又称"质的研究""质化研究"，英文为 qualitative research）是"以研究者本人作为研究工具，在自然情境下，采用多种资料收集方法（访谈、观察、实物分析），对研究现象进行深入的整体性探究，从原始资料中形成结论和理论，通过与研究对象互动，对其行为和意义建构获得解释性理解的一种活动"[1]。运用质性研究，本章期望能够通过研究者与被

---

[1]　陈向明.质的研究方法与社会科学研究［M］.北京：教育科学出版社，2000：12.

研究者的互动，从被研究者对自身焦虑和抑郁状况的认知中探究早期学术研究人员的精神健康状况及其影响因素。

二、研究过程

本章采取质性研究中常用的目的性抽样，即抽取能够为研究问题提供最大信息量的人、场所和事件。[①]考虑性别、年龄、职称、学科等因素，共选取14位早期学术研究人员作为访谈对象，进行半结构化深度访谈（访谈提纲见附录）。其中，男性有6人，女性有8人；12人为讲师/初级研究员/助理研究员/助理教授，2人为副教授/副研究员。

确定受访对象后，向受访者发送访谈提纲和知情同意书。受新冠疫情影响，研究者与受访者在确定时间后采取远程在线的方式收集资料，访谈过程持续45—60分钟。全部对访谈录音进行转录后，借助软件Nvivo11并运用质性研究路径之一的扎根理论三级编码方法对资料进行分析。如表7.1所示，对资料进行编码后可得"导致焦虑抑郁的压力""焦虑抑郁的影响因素"和"缓解焦虑抑郁的支持"三个类属。

表7.1　资料分析编码表

类属	属性	维度
导致焦虑抑郁的压力	考核晋升压力	非升即走、考核标准过高、考核政策不稳定、晋升竞争过大
	教学任务压力	教学任务过重、教学课程不熟悉
	行政事务压力	挤占时间、反馈消极、任务繁重
	家庭生活压力	经济压力、婚恋压力、生育压力
焦虑抑郁的影响因素	制度环境	制度设计、组织环境、制度执行
	学术活动	科研进展不顺、教学经验不足、课题申请不确定性强
	个人特质	性别、年龄、主动性
缓解焦虑抑郁的支持	组织支持	制度完善、能力提升、待遇保障
	社会支持	家庭支持、朋友支持、同事支持

---

① 陈向明.旅居者和"外国人"：留美中国学生跨文化人际交往研究［M］.北京：教育科学出版社，2004：35.

第三节　早期学术研究人员焦虑抑郁的状况与缘由分析

研究发现，早期学术研究人员在快速成长、作出卓越贡献的同时，面临着比较严重的心理健康状况，早期学术研究人员"心病"亟待解决。一项针对我国超过 1 万名科技工作者的调查数据显示，有一定比例的科技工作者可能有不同程度的焦虑，其中部分科技工作者属于中重度焦虑，中级职称科技工作者焦虑程度最高。[①]2009 年和 2017 年对中国 35 岁及以下青年科技工作者的大规模调查结果显示，49.7% 的青年科技工作者存在焦虑问题。[②] 同时，科技工作者的焦虑水平随着时间发展呈现逐渐升高的趋势，科技工作者中具有轻、中、重度焦虑问题比例从 2017 年的 39.9%、6.3% 和 1.9% 分别上升至 2019 年的 42.2%、8.8% 和 4.5%。青年科技工作者的焦虑状况在年龄与职称方面也存在差异。在年龄差异方面，40 岁以下的青年科技工作者表现出更为突出的焦虑问题；在职称差异方面，具有中级职称的科技工作者焦虑水平最高，其次为无职称、副高级和初级职称的科技工作者，正高级科技工作者的焦虑水平相对较低。[③]与已有研究发现相一致，受访者认为自身心理健康状态不佳，存在不同程度的焦虑和抑郁状况，程度严重的受访者怀疑自身患有焦虑症（受访者 12）。经研究发现，导致早期学术研究人员遭遇焦虑和抑郁心理状态的缘由主要是考核晋升压力、教学任务压力、行政事务压力和家庭生活压力。

---

① 杨洁，邱晨辉. 如何为科研人员心理减负［N/OL］. 中国青年报，2021-04-20(08)［2023-03-10］. https://zqb.cyol.com/html/2021-04/20/nw.D110000zgqnb_20210420_1-12.htm.

② 王雅芯，郭菲，刘亚男，等. 青年科技工作者的心理健康状况及影响因素［J］. 科技导报，2019，37（11）：35-44.

③ 郭菲，陈祉妍. 科技工作者心理健康需求与服务现状［J］. 科技导报，2019，37（11）：18-27.

一、考核晋升压力

当前，受高等教育改革影响，中国高校在教师的聘任上多采用预聘长聘制。随着我国引入预聘长聘制高校的数量不断增加，以预聘方式进行工作的青年教师数量也逐年上升。由于预聘长聘教职制实行较严格的考核机制，未能在预聘期内通过长聘考核（tenure review，又称届满评估）的预聘制教师通常将不再续聘。这种"非升即走"的考核在调动教师工作积极性的同时，带来了教师工作压力大、身份认同多元分化、职业安全感和归属感下降等问题。[①]受访者约 50% 为大学新体制青年教师，他们表示考核晋升压力是其焦虑抑郁情绪的重要来源。对老体制的早期学术研究人员来说，虽然他们没有面临严格的考核压力和残酷的"非升即走"规定，但是也认为晋升的压力容易导致其经历焦虑和抑郁的心理状态。

> 焦虑来自职称压力，像我们现在都是非升即走，所以说有考核期、有考核任务，还需要评职称，压力会更多更大一些。（受访者 01）

> 刚开始入职的时候会更严重一些，就是压力比较大，觉得可能需要一个适应的过程，就像本科生刚入校大一期间是一样的，面对一个新的环境，身份和角色有一种转换，有很多陌生的东西需要去适应，然后再加上考核压力像达摩克利斯剑一样悬在头顶，就是这个东西如果无法实现的话会比较焦虑。所以就是刚开始入职的很长一段时间会有不能自己来掌握时间的感觉，更多还是被推着往前走，所以会有焦虑，但是不至于到抑郁的程度。（受访者 02）

> 焦虑应该是对学校的一些人才管理的要求或者人才管理的体制对青年教师的考核标准，我个人会有形无形地去想自己有没有符合

①　王涛利，谢心怡，蒋凯.高校预聘制青年教师组织认同及其院校影响因素研究——基于两所研究型大学的质性比较分析 [J].教育发展研究，2022，42（C1）：107-116.

标准，自己有没有达到要求。（受访者03）

部分受访者认为考核要求过高、考核政策不稳定和由晋升压力所引发的恶性竞争是其产生焦虑抑郁情绪的重要缘由。

> 我们这个考核现在还没有先例，按照合同上的要求会有一些指标，比如说教学有课时量，科研有论文课题数量，还有一些学院事务性的，主要是领导和同事去评价为学院服务的情况，另外还有一部分是关于学术交流的，国内国外要有一些参会要求。除了这些之外，其他的我暂时不是特别了解，我也没有先例可循，所以不知道接下来实际的考核会是怎么样。（受访者02）

> 我觉得其实非升即走本身不是可怕的，可怕的是恶性的竞争。我们学校还不是非常友善，比如说通道并不是很清晰，可能有一部分原因是体制还没有非常健全。让人焦虑的是那种恶性竞争以及非常模糊的晋升通道。如果非升即走有一个清晰的考核体系和制度我觉得是可以的，我们每个人都遵守规则，适者生存。但是在比较模糊的动态的制度下，这个焦虑会放大，产生更多的恶性竞争是不太好的，我觉得大部分老师也不太想看到这样的现象。（受访者03）

二、教学任务压力

本研究的受访者认为教学任务压力是导致其经历焦虑和抑郁的重要缘由。由于博士生教育对博士生教学能力的训练较少，对初入学术职业的大学教师来说，教学任务和课程内容需要花费较多时间和精力，由此产生的教学与科研工作的矛盾冲突容易使青年教师产生焦虑和抑郁情绪。

> 我是每个学期大概一到两门课，我入职时间还不是很长，所以

现在开课的话可能会需要花大量的时间来备课。除了这个之外，我们也会被要求带学生，青年教师进入高校里面以后根据学院的要求，可能会带硕士生或者本科生，平时可能每两周给他们开个组会，然后指导一下他们做课题或者写论文，包括他们最后的毕业论文。然后本科生这边今年必须要有学生工作的经验，所以我这个学期还做了本科生班主任和学业导师，学生指导是比较重要的。刚入职会有觉得有压力，因为我觉得指导学生，如果碰到跟自己气场比较合的，或者说跟自己比较契合的，相对比较听话的、能听得进指导意见的这些学生，其实指导起来压力并没有那么大，因为互相之间会有比较默契、相对和谐的一种相处模式，但是我有同事说有遇到那种有个性的孩子，可能你给他指导的时候，他不太愿意接受你的建议，那种我觉得可能会有压力，会担心论文他不听你的意见，只是顾自己那样去写的话很容易毕业不了，甚至还会有一些学生出现心理问题，但是这个主要取决于学生具体的情况。（受访者02）

教学也有不太一样的，我们学校对老师的教学量要求比其他学校要多很多，我们全年要上够一定的学时，基本上来说所有的老师都是双倍的，像我们新来的老师也不例外，上课的任务要比其他学校重一些。对于新老师来说，比较重的压力还是备课压力，尤其是在我们学校，第一年刚入职对我来说所有的课都是新课，甚至于我要去上一些可能我自己都完全不熟悉的课程，很多时候我对于课程的选择是没有太多自主性的，安排什么课程我就硬着头皮去上。日常时间比如说白天的时间、晚上的时间甚至周末的时间，基本上被科研和备课占据。然后课题就只能抽空去做，比如说现在要交一个什么样的课题，然后我自己想去申请，就是加班加点去做。入职这一年来，我自己的感受是没有太多自主的时间去做一些自己想要去做的研究，完全是被推着走的。（受访者04）

按学校的规定，一周上够课时就可以了，但是很多人都会超过这个规定，因为老师不够，我们学校生师比其实蛮高的，但是专业教师是比较短缺的，导致很多老师的课时量会比较多，一般都会超课时量超负荷来工作。（受访者05）

在指导学生方面进展不顺利，主要难点跟学生的个人能力有点关系。因为学生学习自主性和能力还是要欠缺一点，可能高考的时候他们的英语水平有限，反映到研究生身上就是你让他们看英文文献真的是好难。他们看文献可能要看一周半个月，都还模棱两可，不怎么懂，最后只能说是自己亲力亲为的要把所有的东西都再教给他。学生自己去看文献，自己去网络上寻找资料去学习的这种能力就感觉有点欠缺。（受访者06）

三、行政事务压力

教学、科研与公共服务被公认为是大学的重要职能。对大学教师而言，除教学与科研外，还需从事行政管理事务。但是过多而繁重的行政事务不仅占据了早期学术研究人员从事教学活动和科研活动的时间，还导致其产生焦虑和抑郁的情绪。受访者表示行政事务活动带来的消极反馈也是他们产生负面情绪的缘由之一。

工作上我觉得杂事有点多，让我有点郁闷，但是这没有办法，像学院的各个部门的行政人员，他都会找到你，会给你安排一些活，比如说监考、改卷、做讲座、招生、面试。会有点郁闷吧。入职之前我认为大学教师应该还是个比较安逸的工作，有很多自己的时间去做自己的事情，这是我来之前的一个期待。但是来了之后确实不是这样，其他的事务性工作还是很多的，基本上会把你的时间撕得很碎，这是跟我期待最不一致的地方。但没办法，学校发薪酬也不是让你天天做自己的事情，所以我是可以理解的。但是这些事情会把时间拆成碎片，我觉得有点麻烦，你没有办法把它拼合成一个完整的时间去做一件整件事情。有些安排也是会占用你一些精力，跟你本身的考核、科研其实是不相关的，这些任务也会心里有点不平衡，有一些看法，但是总体来讲，我是可以理解的。（受访者01）

服务学校，服务社会，服务学院，这些工作也是很多的，我在努力地不让它们影响我的科研工作，但是有的时候也是没有办法避免，毕竟我们是隶属于学院，所以我觉得这也是一个工作的责任吧。（受访者03）

对于新入职的老师来说，大家可能都要承担比较多的一些行政类工作，比如说班主任、党支部书记、答辩秘书等。我对这些行政工作整体是持一个比较负面的态度，毕竟走学术这条路进入大学的初心还是想做一些自己感兴趣的学术研究，但是这些行政工作就会占据大量的时间，开会这都是家常便饭。做答辩秘书，整理答辩材料，还承担了学生党支部书记的工作就可能要不停开会，还要给学生讲党课，精力会被分散地特别开。不管是备课也好，还是去构思论文，或是申课题也好，都是需要比较整体的时间去做，但是这些工作是比较琐碎的，你不停地要去花费时间去做这些事情，做完这件事情之后你已经把你整块的时间就打散掉了，这是比较负面的一个感受。（受访者04）

这些行政工作其实都不是我愿意做的，都是领导安排下来的，所以没办法。我感觉有时候要不要做这个工作和领导有关。有很多

领导的态度是你如果不愿做或者就不做，也没什么影响。但是有些领导会特别执着于让你干这个事。（受访者05）

四、家庭生活压力

访谈发现，早期学术研究人员产生焦虑和抑郁情绪的缘由还包括家庭生活压力。早期学术研究人员大都处于或接近"三十而立"的年龄段，家庭责任已成为他们需要承担的重要责任。购置房产、组建家庭、生育后代等成为他们承担家庭责任和创造自我生活的重要内容。此外，他们一方面需考虑父母的赡养问题，另一方面需考虑子女的教育问题。在一线城市就业的早期学术研究人员面临高昂的房价和子女教育成本，经济压力、婚恋压力和生育压力成为引起他们焦虑和抑郁情绪的重要原因。

> 其实无非就是生活压力，还有职业发展的压力。两个解决掉了之后基本上最主要的矛盾就解决了。我们学校工资还很低，然后条条框框又很多，会有很多行政性的工作。生活方面，房贷和婚姻，学校现在只有一个幼儿园，然后孩子上中学，还得去和其他学校跟人一块去竞争，所以说这些压力都还蛮大的。（受访者05）

本研究的受访者普遍认同女性在家庭责任上面临的压力更大，其在处理生活与工作的平衡上更加困难。

> 我觉得对于年轻教师来说，尤其对于女性的年轻教师来说，现在的这种考核机制，尤其是人事制度改革以后的新体制事实上没有那么友好。因为科研压力是非常大的，说实话我头两年的大部分的时间都扑在工作上了，我现在还没有结婚，那如果我现在有家庭有孩子的话，我觉得真的是很难兼顾，确实压力会很大，工作也比较多。

对于青年教师来说，制度在不停变化，所以就会提出很多的要求。对于女性的年轻教师来说，因为可能到适龄应该要面临结婚生子的压力，包括照顾家里的老人等等一些压力的情况下，还是很难兼顾的，可能对于女性教师来说，跟男性教师比起来，她的发展会天然地面临很多的屏障和阻碍，我的理想状态是尽快把职称评完了之后，就不要把那么多时间扑在工作上，这个状态一直持续，弦绷得很紧，其实不太利于个人的发展。（受访者02）

像我们读完博士毕业到现在这个年纪了，尤其还是女生，不得想着结婚？家里人又很着急，然后自己感情之前不太顺利，得想办法去解决，就着急找对象努力解决自己的这些问题。（受访者07）

有的时候女性组建家庭对事业或者对工作的影响比男性要大很多，尤其是在科研方面，这个不是我说的，是有数据的支持。反正我们学院很多结婚的女老师，我看她们个人能力很强，但是有很多的家庭责任，所以平衡家庭和科研很考验个人能力的。（受访者03）

第四节　早期学术研究人员焦虑抑郁的影响因素分析

本研究经深度访谈发现，早期学术研究人员产生焦虑抑郁情绪的影响因素主要有制度环境因素、学术活动因素和个人特质因素。

一、制度环境因素

近年来，"非升即走"政策在国内的逐步推广实施使早期学术研究人员面临着愈来愈大的压力，学术发表、职称晋升、同伴竞争、课程教学以及环境适应成为压在青年教师身上的"五座大山",职称晋升和学术发表更是成为加剧其职业焦虑最主要的因素。[①]考核晋升制度的设计、执行和由此营造的组织环境,是影响早期学术研究人员产生焦虑抑郁的重要因素。

> 我觉得我们学院是处于边缘化的学院,我们在里面不是非常有优势,可能我们学院的话语权也不是很大,也不太能争取什么,所以这个对我们影响还蛮大的。我一开始跟大家想的差不多吧,就是觉得这件事情是非常残忍的,一个用人单位其实并没有起到一个培养,或者真正栽培一个人才的效果。我个人觉得每位老师都有自己的长处。我觉得如果这样的话没有什么可比性,如果把所有的成果量化,其实也没有什么太大的意义,就像一个苹果和一个橘子比就没有太大的意义。但是从高校和学院不同层级的管理来讲,这个比较是必然的。就像高考一样,每个同学都有不同擅长地方,但是这个选拔机制,谁上谁不上,或者是怎么样评判一个人行或者不行,我觉得这是一个没有办法的机制。(受访者03)

> 我觉得这个制度和学术成长阶段是不太匹配的,这个制度我目前不能给出一个评价,只是它的实施确实给我带来一些困扰,我觉得这个制度有优化的空间。虽然说我也理解为什么会有这个制度,但是我觉得这个制度目前实施的方向和它的手段,不是很合适,确实近几年在不断调整,像我们学校也不断改革用人标准,包括现在的"破五唯"标准的变化会更大,这恰恰也说明了,目前这个制度它还没有达到一个很完美的状态。所以说目前来讲我个人并不非常认可,因为我觉得它还没有调整到一个最适合国内学术环境和学术成长的一个状态。(受访者01)

---

① 田贤鹏,姜淑杰.为何而焦虑:高校青年教师职业焦虑调查研究——基于"非升即走"政策的背景 [J].高教探索,2022(3):39-44+87.

二、学术活动因素

教学与科研是以大学教师为代表的早期学术研究人员的主要工作内容之一。然而作为学术共同体的新进入者，面临科研进展不顺、周期长、教学经验不足、课题申请不确定性强等情况，可能会经历较为严重的焦虑和抑郁情绪。对科研成果的追求以及科研考核压力也是造成早期学术研究人员焦虑的重要因素之一，兴趣与考核指标之间的矛盾给部分早期学术研究人员的发展带来了压力和困扰。[①]

> 作为青年教师来说，其实科研压力是比较大的，做课题和写论文是日常的工作。这个科研压力就主要是课题申报和论文发表，因为像上课，可能你只要课开够了就可以，像学术交流等方面其实也都还是自己比较能控制。但是申请课题会有很多的不确定性，所以就是这个压力，我觉得可能是最大的。然后就是论文发表，因为其实说实话国内好期刊数量比较有限，然后发论文的周期也很长，一年我觉得现在都算正常的周期了，可能就是像国内的很多期刊可能等两年甚至时间更长的也有，这个不太好说，所以不太容易自己去把握这个进度。（受访者02）

> 我觉得是一直存在的，因为实际上有些成果在最后期限的时候是出不来的，你不可能一个月就能发出来，所以说我们的压力是常年存在的。你得从年初就开始构思今年如何满足考核的要求，如果说你要写论文，那就得规划一下，到底几月的时候能把这个论文写出来，那么投稿修改到出刊的时长又是多少，所以说整个都是得要

---

①　蒋茁，邓怡.高校青年科技人才发展的需求与困境 [J].中国高校科技，2017（10）：45–48.

有计划，因此，这个压力它一定不是只有在临近考核期才有，一定是长期伴随的。所以为什么前面也提到说老师身体会变差，这个压力长期存在的话没有什么喘息的空间。当然你可以暂时去做一些别的事情忘掉它，但是它会一直在那里，你总归都还是要焦虑的，我觉得是很难避免的。我论文相对来说还好一些，课题相对来讲就很差。我觉得自己还没有找到申请课题的一个路径吧，感觉也是在"撞墙"，到处撞，就有些东西是自己试了以后才有经验的，所以说这也是一个问题，在这方面很少人会告诉你这条路怎么去走。初次进入到职场的时候，很多东西还是得让我们自己去"撞"出来，因为每个人的标准都不一样，有的说"我按我的方法申请上的项目"，那这个不一定是标准答案，因为每次审理项目的专家又不一样。有的时候你不知道自己的问题在哪，我觉得这个是很可怕的一件事情。对我来说，好像项目申请的时候不会给你提供一些具体的评审意见，所以你不知道自己的问题在哪里，我觉得这是挺难的，就是找不到方向，所以这可能是对我职称晋升上最大的一个限制吧。（受访者01）

周期性确实要长一些，但是要看不同的方向，周期性还是有比较大差别。有些实验室，比如说老师的要求比较高，要求发文章发得比较好。可能他这个周期就会长，因为他毕竟是要解决一个未知的探索性的科学问题，花费的时间要长一些。但有些学科有些方向要简单一些。像我们这个学科的，我刚来的时候，老大就是课题组的带头人，他给的意见就是让我们先做一些小项目，就是快一点的，但是它意义可能不大，就是做起来没什么劲，有人就叫"灌水的文章"。如果真是做比较好的，那种项目周期确实比较长。我感觉最大的压力就是科研，像教学没什么高的要求，你只要把课上好，学生不给你特别差的评价就可以了。我看每个学校都差不多，像我们学校只对教学评价排名最后5%的老师进行谈话，然后我看了一下我们每年教学评价分都会公示，大家差的也不多。主要还是科研，之前读博士的时候就老怀疑自己做这个东西有没有什么意义，现在天天在这做也不知道到底有多大的意义，但是还在干。你想那种好像自己认为还有点意义的，对人类所谓的科研事业能够有所贡献吗？比较难，因为你想拿到这种钱多的项目不容易，拿着小钱你干不了，只能选择这个继续干呗，不然的话这个任务完不成也不行。（受访者06）

三、个人特质因素

个体的异质性也是导致焦虑的重要因素，焦虑情绪受到自身认知因素的影响，与个体的控制感密切相关。研究发现，不同性别、年龄和主动性的早期学术研究人员在应对焦虑抑郁情绪时的反应不同。总体来说，主体性越强的早期学术研究人员在缓解焦虑抑郁情绪、摆脱其负面影响的能力越强。

其实我觉得解决焦虑最有效的方式就是去做，因为我觉得每个人都有惰性，就是面对这个任务，如果是非常简单的一个事，可能你随手就做了，如果它相对比较困难，有时候你就想放一放或者说会有点拖延，在这种情况下我觉得拖延的过程会让自己更焦虑。就比如说你可能同时有好几件事情，然后这几件事情可能有一个难易的划分，你可能会更倾向最简单的事情先做完，然后再去做难的事，但其实那个难的事情可能要花费的时间更久，所以这个拖延的过程会让你焦虑加剧。（受访者02）

我觉得更多是自我缓解吧，主要看自己期待，可能慢慢地接受了自己是一个普通人的状态，这辈子也没有办法评教授、长江啊，能接受这个现状就不会说有太大的压力了。我还是觉得所有的压力

和焦虑都是自己造成的。（受访者 03）

我就觉得自己能达到一种心平气和的状态是最好的，就是一个普普通通的人，能平平安安过一辈子就行了，不需要去指望太多。（受访者 07）

第五节　缓解早期学术研究人员焦虑抑郁的对策与建议

由于面临较大的考核晋升压力、教学任务压力、行政事务压力和家庭生活压力，早期学术研究人员群体普遍存在较严重的焦虑和抑郁情绪。建议引导多方参与，充分发挥基层单位的作用，提供组织支持与社会支持，从组织体系、人才能力、福利待遇、人际关系等方面全面缓解早期学术研究人员焦虑和抑郁情绪，构建中国特色的面向早期学术研究人员精神健康的初级卫生保健服务网络。

一、组织支持

已有研究提出了一些颇有参考价值的建议以缓解早期学术研究人员的焦虑和抑郁，例如政府层面应为早期学术研究人员的心理健康提供管理制度层面的保障，建立健全科技人才休息休假的福利待遇；建立新的人才培养质量观，完善心理健康教学体系，促进心理教育系统化发展[1,2]；引导科技人才提高心理健康意识，改善生活方式[3]；等等。受访者认为，组织支持是缓解其焦虑抑郁情绪的重要支持。

---

① 薛春艳，刘时新.工程科技人才培养的心理健康之维 [J].高等工程教育研究，2018（4）：95-100.
② 张建卫，滑卫军，任永灿.高校国防科技人才心理素质教育的发展现状与改进策略——基于国防科技行业毕业生的实证研究 [J].黑龙江高教研究，2018，36（12）：16-21.
③ 梁梦凡.科技领军人才健康状况及影响因素研究 [D].西安工程大学，2016.

第一，在组织层面建立公正合理的考核评价体系，减轻早期学术研究人员的工作压力。就考核晋升压力而言，部分受访者认为"考核压力像达摩克利斯剑一样悬在你的头顶"，成为其焦虑抑郁情绪的重要来源。过高的考核要求、不稳定的考核政策以及由晋升压力所引发的恶性竞争是引发焦虑抑郁情绪的又一重要缘由。早期学术研究人员正处于精力充沛、创造力旺盛的黄金发展时期，各科研单位必须建立科学公正、合理合规的考核评价体系，帮助早期学术研究人员合理竞争、健康发展，走出"绩效主义"的迷沼。一方面，要引导早期学术研究人员树立远大的学术理想与工作抱负，避免"为了完成考核而工作"或者是"为了工作而工作"；另一方面，各级科研单位在人才考核方面必须避免"短视"行为，做到将阶段考核与长远发展相结合，为早期学术研究人员的持续健康发展创造良好的土壤。

第二，在人才能力提升上采取实际有效的措施，促进早期学术研究人员的成长成熟。受访者认为教学任务压力是导致其经历焦虑和抑郁的重要缘由，表示"对于新老师来说，比较重的压力还是备课压力"，对于"可能我自己都完全不熟悉的一些课程"也要"硬着头皮去上"，由此引发的教学与科研工作的矛盾冲突容易使青年教师产生焦虑和抑郁情绪。科研与教学能力的提升作为一个长期的系统性工程，要求各级科研单位对早期学术研究人员的成长成熟予以持续的关注并制定科学合理的培养激励制度。一方面，重视新教师群体，为新入职的青年教师提供综合化的入职教育，通过新老交流会、结对子等手段在人际沟通、教学科研等方面为青年教师提供有益指导；另一方面，重视早期学术研究人员的在职成长，通过组织学术沙龙、校本培训、教师专业发展学校等方式促进早期学术研究人员的成长成熟，实现早期学术研究人员群体的专业自主与终身发展。

第三，在经济、薪资、福利待遇等方面适度提高早期学术研究人员的保障，缓解其经济生活压力。就家庭生活压力而言，高昂的房价、子女教育成本、父母赡养成本，经济压力、婚恋压力和生育压力成为引起"三十而立"阶段早期学术研究人员焦虑和抑郁情绪的重要原因。相较于男性群体，女性面临更大的家庭责任压力，在处理生活与工作的平衡上遭遇更多的困难。因此，为早期学术研究人员提供可持续发展的物质基础至关重要。一方面，各级科研单位要根据早期学术研究人员的实际需求不断完善单位内部的工资福利制度，在合理薪资待遇的基础上为早期学术研究人员提供包括住房、餐饮、医疗在内的各种津贴补助，解决早期学术研究人员的"后顾之忧"；另一方面，在教学科研之余，各级科研单位还应对早期学术研究人员，特别是女性群体的家庭生活状况予以及时的关注，为其平衡工作与生活"保驾护航"。

第四，充分发挥初级卫生保健服务作用。首先，加强早期学术研究人员心理服务建设和管理。由于早期学术研究人员工作繁忙，难以进行规律性的精神状况评估和治疗，同时该群体重视外界评价，对于精神疾病的"污名化"较为敏感，易讳疾忌医。鉴于早期学术研究人员群体的特殊性以及隶属于组织单位（科研机构、高校等）的特征，建议通过基层单位的群团组织、系所等建立和完善心理健康服务制度，构建适合于早期学术研究人员的精神健康初级卫生保健服务，增强早期学术研究人员的心理健康意识和科学素养。其次，扩大心理健康服务的资源供给，建立心理健康监测机制并加强科普服务工作。发挥工会、共青团、妇联等群团组织的优势，定期为早期学术研究人员提供相关的心理健康服务，及时预防和干预心理健康问题，保证治疗工作的时效性。同时，依靠新兴互联网技术手段丰富心理服务形式，将心理援助的宣传、服务工作与数字化心理健康干预相结合。最后，落实和完善基层部门的心理健康诊疗制度。着重提升校医院心理健康诊疗服务质量，逐步建立和完善心理健康服务制度，包括咨询制度、保健制度、培训制度以及休假制度等。探索将早期学术研究人员心理健康测评列为常规健康体检项目，有条件的单位可设立心理咨询中心，提供心理咨询和保健服务。

学院经常会有经验交流会，我觉得这个算是一种帮扶。领导其实很支持项目申请的，项目交流会算是一种比较常见的一种方式，我们确实也能从中收获一些东西，但是我觉得真正要适用到自己身上，可能还是得要从中找到一些比较适切的建议吧。我觉得学校还是做到了对青年教师的关怀和照顾。像我们学院也会经常组织校医院的医生来给我们开展一些心理讲座，我觉得这个是有用的，虽然我没有去听过，但是我有同事去听过，他反应说是很有用，听了这些心理医生的说法，你会慢慢地想开自己所面临的一些问题。从这个心理健康的角度出发，学院学校有的时候也会给我们提供一些心理健康监测和简单的心理测试，也会定期的组织学院教师出行出游，提供一些交流机会，我们也有学术午餐会，让每个老师去讲一下自己的研究，然后大家做一些交流。那么我觉得这也在一定程度上，对于我的这种心理状态有些缓解吧，因为交流人多了，以后大概也能找到一些自己的方向，所以我觉得这个可能确实是得到学校的帮助。（受访者01）

我们学校的工会时不时地组织一些专门针对心理压力的讲座，当然不完全针对青年教师的，是针对全体老师。面对青年教师，我们学校会在教学方面秋季学期的时候会组织进修或者培训班，是强制要求参加，会请很多专家学者或者是一些比较有经验的老教师从不同的维度，比如说教学、科研、管理时间、管理情绪各方面开展一些课程。学院最近这一年内组织了一些学术沙龙，这个可能参加的都是一些年轻的老师，然后院长和书记会参加，围绕一个主题让大家来座谈。类似的这些活动本身我觉得帮助更大，因为去参加这些活动的时候，会和同一批进来的这些老师在一起，本来可能大家平时各忙各的交流并没有那么多，但是反而通过这种活动，互相之间会建立联系，比如说大家每天都或者每周都有那么几天在一起上这些课，大家彼此熟络了之后互相交流、互相鼓励、互相宽慰可能会比就是你参加这个讲座本身更有帮助一些，对于缓解焦虑的情绪是非常有帮助的。我这个说法可能只是根据我的认知，基于我的这个经验判断，我觉得可能大部分的青年教师的这个压力可能主要还是来自科研的压力，弦不能绷得这么紧，这是从源头上来解决的。但是我觉得这个可能不太现实，因为现实状况下学术金字塔最底层的就是青年教师，学术产出本身的要求就是更高。如果说这个政策不变，我觉得像我们学院可能会有一些课题的团队，通过参加团队活动能够获得一些资源，然后帮助自己课题申请和论文发表，能够给我们提供一些比较有价值的数据或者是一些支持。我觉得对于青年教师来说，帮助他更快地达到科研要求，是从根本上解决科研压力的一个比较有效的办法。另外就是因为现在鼓励教师之间的合作，包括这种跨学科的合作，如果能够搭建一些平台，让一些能够搭得上的老师互相之间有交流的机会，是不是可以拓展一些科研上合作。

（受访者02）

二、社会支持

除组织支持外，受访者认为社会支持能够帮助其缓解焦虑和抑郁，来自家庭、朋友和同事的帮助有利于缓解压力。心理学研究发现，社会支持与抑郁、焦虑有很强的相关性，是心理健康的保护因素。对于具有较大心理压力或心理疾病的高校学生、科技人才，应更多地给予其支持和关爱，使其感受到集体的温暖。[1]

我有时候会跟我同事交流，有一些自己的朋友，可以说一下自己的压力。因为实际上对于很多年轻教师来讲，他们的压力源头基本上一致，那么当你说出你的经历的时候，别人也会觉得好像我也是，你会觉得自己有种找到同伴的感觉，在这个过程中我觉得自己的压

---

① 范瑞泉，陈维清.大学生社会支持和应对方式与抑郁和焦虑情绪的关系[J].中国学校卫生，2007（7）：620-621.

力会相对小那么一点。家庭和工作需要平衡，我没课就待在家里，能陪伴家人的时候我还是想尽量回去享受当下的生活。有些任务比较紧急的话，也得抽出时间去做它。（受访者01）

平时的调节，就会跟朋友出去吃个饭，或者是去找比较有经验的老师聊一聊，听一听他们的建议，奔着解决问题去迅速地把这个任务完成。如果比较难可能会去听取一些其他人的意见。非任务导向型的去找朋友吃饭，或者是自己跑步健身、唱歌什么的，就是换一些其他事情来调节一下状态，让你能够更高效地去做事。（受访者02）

我觉得我还蛮幸运的，有很多同事帮助我，给我很多鼓励和指引，让我很快对国内环境有一个感觉，从所谓的小白到现在，我觉得同事互相的帮助非常重要，还有一些长辈的支持，比如说领导、比较资深教师也帮了我很多。（受访者03）

综上，处于不同职业发展阶段的科技人才面临不同的压力和困境，其身心健康程度和相关影响因素也存在差异，因此聚焦于早期学术研究人员这一群体进行细致且深入的研究具有重要意义。早期学术研究人员是国家科技人才储备资源的坚实力量，是科教兴国的中流砥柱，而其创造性及对人类社会发展作出贡献，以健康的身体和心理状况为前提。但对早期学术研究人员而言，在知识快速更迭、产出高度不确定的科技领域，快节奏、高技术、高风险、强竞争的科技工作带来的不仅是成功的机遇，同时还有无法回避的重压以及由此产生的心理问题。青年群体是科研工作的主力军，做好早期学术研究人员的心理健康保障工作，为科技人才营造一个友好的科研文化精神环境，为学术自由和创造力的释放留出空间，是吸引和留住人才的重要手段。初级卫生保健以普及全民健康为目标，侧重在日常环境的情况下获得高质量的全面保健，并且鼓励调动个人、家庭和社区的参与并赋予其权能。其采用成本低廉的适宜技术，重在预防性投入，为了人民福祉和国家的长远利益，以最经济有效的手段将有限的卫生资源投入可直接获取国民健康收益的领域，是提高卫生公平性的最有效途径。[①]

　　因此，缓解早期学术研究人员群体的焦虑和抑郁，引导多方参与，充分发挥基层单位的作用，提供组织支持与社会支持，有利于构建中国特色的面向早期学术研究人员精神健康的初级卫生保健服务网络，将关怀早期学术研究人员的健康成长落在实处。一方面，加强科普和宣传的工作力度，对科技工作者心理健康问题进行及时预防和干预，保证治疗工作的时效性；另一方面，依托基层单位的群团组织、系所等构建其适合于早期学术研究人员的精神健康初级卫生保健服务网络，逐步建立和完善包括体检制度、咨询制度、保健制度、培训制度以及休假制度在内的心理健康服务制度的建设。

---

① 孙维哲，梁晓峰. 初级卫生保健发展回顾与疾控作用的思考 [J]. 中国公共卫生，2019, 35（7）：797-800.

第八章　研究结论和政策建议

第一节　早期学术研究人员的职业发展困境与挑战

博士后和青年科技工作者是早期学术研究人员的代表性群体，是学术界的重要储备。他们的工作往往涉及基础科学问题，直接影响着科学前沿的拓展和学术成果的质量，并且成为推动技术革新和社会进步的基石。此外，早期学术研究人员在培养新一代科研人才方面也发挥着不可替代的作用，例如在指导研究生、参与学术交流和学术出版过程中，传授知识、分享经验，激发年轻学者的创新思维。随着行业内竞争日益加剧，长期学术职业获得及保持的难度攀升，早期学术研究人员的职业选择与发展与多年前相比也发生变化，越来越多研究者选择进入非学术机构工作，学术职业的坚持率相应下降。这一发展特点及趋势可能会产生一系列连锁反应，一方面，对于早期学术研究人员自身而言，学术职业的竞争压力可能会成为加剧其心理压力的重要因素，影响其心理健康及正常的生活、工作，造成工作效率及产能的下降。另一方面，对于学术界而言，如果不能保持良好的学术研究人员的储备及供给，可能会导致学术产出的后劲不足，对于科学研究的长期性发展极为不利。而作为社会分工的重要组成部分，学术职业也对社会经济、政治等系统产生反方向影响，会直接反映到科学成果转化与技术进步等方面。具体而言，早期学术研究人员在职业发展中面临的最大挑战包括以下几个方面。

一是职业竞争造成的发展不稳定，许多早期学术研究人员在完成博士学位后，往往面临着博士后职位的不稳定性，以及学术界常设职位的严重不足的困境，这种现象导致许多优秀的研究人员在学术界难以找到长期稳定的职业发展机会。另外，当下的早期职业发展机会有限，尽管博士学位获得者的数量持续增长，但科研界常设职位的数量往往不足，这使得许多早期学术研究人员在职业发展上面临较大的限制。他们往往需要在竞争激烈的环境中争取有限的职位，导致许多人最终选择离开学术界。

二是工作环境与资源支持问题，早期职业生涯的研究人员通常没有正式的就业合同，仅得到津贴支持，且经常无法参与大学治理和集体谈判。这种结构性问题使得他们在职业发展中处于不利地位。在职业发展中他们需要更多的职业发展和职业选择指导，以及在学术界内外从事不同职业的经验和技能培训，但事实上他们常常却缺乏有效的指导和支持。另外，许多早期学术研究人员在学术界面临着"不发表则灭亡"的压力，这种高压环境对许多人来说缺乏吸引力，导致他们对学术职业的前景感到悲观。

三是职业发展与晋升的困难，在英国的一项调查发现，仅有1/3处于职业早期的研究人员认为自己所在机构的升职与晋升机制是公平的。初级研究人员普遍认为他们在晋升和发展方面受到了不公正对待，而资深研究者则相对更有信心。国际流动和职业多样化也加剧了学术工作者的困难，研究人员的劳动力市场是全球性的，国际经验在许多情况下成为能够从事长期研究职业的必要条件。然而，早期学术研究人员在国际流动和职业多样化方面也面临着诸多挑战。

四是生活和工作平衡的问题，早期学术研究者工作需要投入大量的时间与精力，才能保证高质量的成果产出，为其后续的职业发展与岗位竞争蓄力。尤其对于女性科研人员来说，她们在职业发展中不仅要面对职业上的挑战，还要应对家庭和生育等方面的压力，传统观念和社会期望往往使她们在事业和家庭之间难以平衡，而研究机构往往会忽视女性在职业发展中的劣势地位，在人文关怀与政策支持层面缺少对女性的考虑。

第二节　早期学术研究人员生存境遇的成因复杂

早期学术研究人员的生存情况和职业选择与发展状况是复杂且多维的，受到多种因素的影响。2023 年经济合作与发展组织（OECD）发布了《促进博士和博士后研究人员的多样化职业路径》的报告[①]，基于来自十六个国家的调查数据指出当前研究者面临的发展困境与挑战：许多潜在的优秀研究人员由于担心学术界的不稳定性和职业前景的不确定性，选择不攻读博士学位。即便完成了博士学位，许多研究人员也面临着博士后职位的不稳定性，以及最终可能退出学术界的现实。这种状况部分是由博士学位获得者数量的持续增长与科研界常设职位数量不足之间的矛盾所导致。在职业发展方面，早期学术研究人员面临着结构性挑战，例如教育和科研部门、研究资助机构、公共研究机构和大学等不同责任主体之间的协调问题，例如缺少正式的就业合同，仅得到津贴支持，且难以参与到大学治理和集体谈判中。此外，监管新进同事的项目负责人（PI）往往更关注研究成果而非个人发展也成为阻碍早期学术研究人员的重要因素。

同时，新技术使用可能对早期学术研究人员产生重要影响，根据英国"出版研究联合会"（Publishing Research Consortium , PRC) 的研究报告《处于职业生涯早期的研究人员是推动变革的先驱吗？》（*EARLY CAREER RE-SEARCHERS: THE HARBINGERS OF CHANGE? THE FINAL REPORT*）[②]。在新兴技术不断涌现的大背景下，早期学术研究人员在三个方面面临巨大的变化：学术合作、研究影响力和对社交媒体的运用。年轻的研究者对于新技术

---

① 　OECD. Promoting diverse career pathways for doctoral and postdoctoral researchers, OECD Science, Technology and Industry Policy Papers[R/OL].(2023-09-01)[2024-07-30]. https://doi.org/10.1787/dc21227a-en

② 　中国社会科学杂志社 . 新时代研究者推动学术变革 [EB/OL].(2019-07-10)[2024-07-30]. http://sscp.cssn.cn/xkpd/xszx/gj/201907/t20190710_4931524.html

的包容性更强，在技术使用层面保持更加积极的态度，有助于激发他们参与学术实践的创造性，但现有学术体系结构性约束和就业聘用不稳定的限制又阻碍了他们可能对他们的学术职业发展，也削弱了他们对行业整体的影响。随着人工智能在社会各领域的广泛渗透，早期学术研究人员也逐渐成为新技术的最新使用者，这可能会重塑传统的学术研究过程与伦理。一方面，早期学术研究人员适当地使用人工智能等可以有效集合研究资源并提高工作效率，并且在研究设计等层面基于科学化的指导。另一方面，人工智能技术可能会加剧学术职业的竞争压力。技术可能替代某些研究任务，导致对早期学术研究人员的劳动力需求发生变化，特别是对那些从事程序化工作的研究人员，可能会被淘汰或者被迫转向其他领域。在数据安全性层面，在处理大量数据时可能引发隐私保护和数据安全的问题，这对早期学术研究人员的要求进一步提高。本书也证实了生成式人工智能会加速早期的学术研究者离开学术领域，技术更迭对学术研究者的影响也从职业发展层面得到论证。

总而言之，多种因素加剧了早期学术研究人员的生存困难，并对他们的职业发展造成挑战，需要通过政策支持、机构改革和个人努力等多方面的共同努力来解决上述问题，以促进早期学术研究人员的职业发展和学术界的健康发展。

第三节　促进及保障早期学术研究人员的职业发展

面对复杂多变的学术就业市场环境，应当从多主体、多角度入手增强对早期学术研究人员的关怀，改善他们的职业选择与发展的境遇，提高他们的工作幸福感与满意度。OECD 对此提出了一系列政策建议，包括促进学术机构与产业界等其他雇主的互动，提供多样化的职业经验和技能，提高对不同职业选择的关注度，为研究人员及其导师提供职业发展指导，以及促进与产业、政府和国际流动等。^① 本章节从宏观视角入手，为改善早期学术人员的工作体验，促进其职业的长期发展提出一系列政策建议。

一、加强管理机构及制度建设

早期学术人员常常在工作单位处于相对弱势的地位，与资深学者相比，他们在获取研究资金、实验室资源和技术支持方面面临更多障碍，在学术决策上，也往往缺乏足够的代表性和话语权，导致其意见和需求可能被忽略。本质上来说，博士后是一种学术性特质明显的工作，需要建立专门的机构进行管理，包括人员安置、资源分配、职业发展等方面。通过建立专门的管理机构，可以为博士后研究人员提供更加专业、系统和个性化的支持，帮助他们在学术生涯中取得成功，为社会和学术界作出更大的贡献。早期学术人员的管理机构应当坚持以人为本的管理观，在人力资源使用上达到效率与公平的统一，既要借鉴管理学相关理论，也要考虑到学术职业的特殊性，给予早期学术人员的科研自主保障，使他们能够自我进行科研决策、推进研究任务、获得研究成果，除此之外，为早期学术研究人员的工作环境和权益提供保障，专门的管理机构可以对工作条件进行监督，维护博士后研究人员的合法权益，包括薪酬、工作安全和福利工作岗位等。另一方面，管理机构也应尽到人员管理的责任，及时探查学术劳动力市场的动态变化，为早期学术研究者的职业发展进行预警与监测，博士后研究人员的工作需要定期评估和反馈。通过专门的管理机构，建设有效的人员评估体系，提供及时反馈，帮助早期学术研究者不断改进研究工作。

更为重要的是，各项举措的实现离不开制度支撑与保障，一方面，可以给予专业管理机构相应的决策权，在促进早期学术研究者职业发展方面，专业机构的专业性及可靠性更强，对早期学术研究者特点的认知更加准确。学术工作通常涉及高度专业化的研究活动，需要专业知识和经验来管理和指导。

① OECD. Promoting diverse career pathways for doctoral and postdoctoral researchers, OECD Science, Technology and Industry Policy Papers[R/OL].(2023-09-01)[2024-07-30]. https://doi.org/10.1787/dc21227a-en

专门的管理机构能够更好地理解博士后研究人员的需求和挑战。作为可以代表早期学术研究人员利益的重要机构，参与到政策制定和倡导工作中可以推动有利于博士后职业发展的政策法规的建立和完善。另一方面，上层部门可以通过政策制定、机构建设、文化塑造和资源配置等方面的制度改革，提高早期学术工作者的职业稳定性、工作满意度和创新能力等，尤其要关注资金配置及项目管理，尽可能确保学术人员能够获得必要的研究资金和资源，支持他们的研究工作。此外，也需要继续探讨通过制度建设促进性别平等、多样性和包容性，为处于不同境遇的早期学术工作者提供更好的职业发展机会和支持。

二、培养职业发展的适应性技能

在学术职业竞争加剧的当下，许多博士学位获得者及博士后工作者或许很难在学术界实现早期的学术理想与抱负。随着高等教育的普及和科研投入的增加，越来越多的学生选择攻读博士学位，希望在学术界开始自己的职业生涯。然而与日益增长的学术人才供给相比，长期学术职位的增长速度十分缓慢，导致了学术劳动力市场的供需失衡。这种供需矛盾不仅使得许多才华横溢的年轻学者难以在学术界找到长期稳定的学术职位，还对他们的心理健康、职业满意度和科研创新能力产生了负面影响。此外，这种矛盾还可能导致学术界人才的流失，优秀学者转向工业界或其他领域寻求职业发展，从而削弱了学术界的整体实力和创新潜力。这种职位的极度短缺要求早期学术工作者在发展过程中不再将长期的学术职位作为唯一的选择，我们应该鼓励早期学术研究者考虑学术研究以外的职业，不是简单地将其视为"缓解瓶颈"的一种方式，而是将其视为对自己和社会都有价值和有价值的选择。重要的是，如果不能够认真和彻底地解决大量早期学术研究者的职业选择单一的困难，以及不能做好在多个层面上解决困难和挑战的准备，就很难在宏观层面上形成科学的学术研究职业不稳定的解决方案。①

　　学术劳动力市场的供需失衡是一个复杂的现象，要求早期学术工作者不仅要在专业领域内具备深厚的知识基础，还需要发展一系列适应性技能，以应对不断变化的职业生涯和劳动市场的需求。培养适应性技能对于早期学术工作者来说至关重要，不仅可以提高他们在学术界的竞争力，也有助于他们在面临职业转变时能够顺利过渡到其他行业。适应性技能是指个人在面对不断变化的环境和挑战时，能够灵活调整自己的行为和思维，有效应对新情况的能力。学术界是一个快速变化、高度竞争的领域，在学术职业发展中，这些技能尤为重要。例如相关职业发展培养应当持续改革课程设计、教学方法、实习机会和职业发展指导等，尤其注重培养早期学术研究者的跨学科能力、创新思维、团队合作、项目管理、沟通技巧和终身学习的能力等。

三、增强学术职业发展的保障

　　职业发展支持是促进早期学术研究者坚持学术职业的重要因素，对学术界而言，职业发展的保障对于培养和保持一个健康、创新的研究环境至关重要。学术职业的保障直接关系到学者的工作满意度、心理健康和生活质量。缺乏稳定的职位、合理的薪酬和透明的晋升机制，可能导致学者承受巨大的职业压力，影响其研究创新能力和教学效果。同时，良好的职业保障有助于吸引和保留优秀人才，促进学术界的可持续发展。随着全球化深入发展，人才竞争愈发激烈，缺乏竞争力的学术职业保障机制将难以留住有才华的学者，从而影响国家的科研实力和国际地位。基于此，应当从心理服务、资源支持、包容性文化创建等方面促进早期学术研究者的职业发展。

（一）强化心理健康服务

　　早期学术研究者在成长过程中面临诸多挑战，包括"项目机会少""成

---

　　① OECD. Promoting diverse career pathways for doctoral and postdoctoral researchers, OECD Science, Technology and Industry Policy Papers[R/OL].(2023-09-01)[2024-07-30]. https://doi.org/10.1787/dc21227a-en

长通道窄""生活压力大"等，可能会加剧他们的心理压力，加重该群体的焦虑和抑郁问题。诸多早期学术研究人才因缺乏专业心理知识，担忧"污名化"问题，并未重视自身的精神健康状况。同时，社会和各级组织单位对于早期学术研究者的焦虑和抑郁等精神健康问题依旧关注不足。心理健康是开展学术研究的基本条件，也考验着学术研究者的自我调控、长期发展的潜能。基于此，应当加强对早期学术研究者精神健康的关怀，从多方面增强对他们的心理健康服务，及时监测、预防并对心理问题进行干预，减少学术研究者自杀等悲剧的发生，营造积极良好的行业生态。

第一，加强早期学术研究人才的心理服务建设和管理。鉴于早期学术研究者群体的特殊性以及隶属于组织单位（科研机构、高校等）的特征，建议通过基层单位的群团组织、系所等建立和完善心理健康服务制度，构建适合于早期学术研究人才的精神健康初级卫生保健服务，提高早期学术研究人才的心理健康意识和科学素养。第二，扩大心理健康服务的资源供给，建立心理健康监测机制并加强科普服务工作，定期为早期学术研究人才提供相关的心理健康服务，及时预防和干预心理健康问题，保证治疗工作的时效性。第三，要落实和完善健康诊疗制度。着重提升校医院心理健康诊疗服务质量，逐步建立和完善心理健康服务制度，包括咨询制度、保健制度、培训制度以及休假制度等。探索将早期学术研究人才心理健康测评列为常规健康体检项目，有条件的单位可设立心理咨询中心，提供心理咨询和保健服务。另外，可以依靠新兴互联网技术手段丰富心理服务形式，将心理援助的宣传、服务工作与数字化心理健康干预相结合。

（二）提供充足的资源支持

资源是早期学术工作者开展科研的前提与基础，可以通过提供充足的资源、资金支持增强学术职业发展保障。在学术领域，资源的充足与否直接影响到研究的质量、创新性以及研究者的职业发展。然而，资源分配的不均衡和获取渠道的有限性，常常成为制约学术研究者，尤其是早期职业研究者发展的瓶颈。在本书中，包括导师支持、资金支持、组织支持及职业发展在内的资源支持均能正向预测博士后的工作满意度，资源支持水平越高，博士后对工作越满意。对于高校、科研机构而言，可以通过提高各种资源支持的水平来改善早期学术研究群体的工作体验。首先，要加强对早期学术研究者的资金支持，提供稳定和充足的研究资金，减轻早期研究者在项目申请和资金筹集上的压力，使他们能够专注于研究工作本身。其次，已有研究证实了导师指导等在内的导师资源是促进博士后学术职业发展的重要因素。要着力解决当下导师资源支持存在的数量的不足、导师质量的不均衡以及导师指导机会有限等问题，例如增加导师的数量和多样性，提高导师的专业培训和指导能力，建立导师和学生之间的有效沟通机制，提供导师指导的标准化流程和质量评估体系，以及通过技术手段提高导师资源的可及性和便利性等。此外，应当通过政策倡导和社会参与，为早期学术研究者创造一个更加有利的导师资源环境。

充足的资源有助于推动学术研究的多样性和创新。当早期学术研究者不因职位不稳定或资源匮乏而受限时，他们更有可能开展跨学科、高风险但具有高回报的研究项目，推动科学的边界不断扩展，这一过程离不开研究者主观能动性的发挥。例如本书证实自我效能感在资源支持对工作满意度的影响作用中发挥了十分重要的作用，要提高早期学术研究者的自我效能感，也就是他们对自身能力及获得成功的信念，增强他们对学术研究工作的信心，这是开展长期的学术研究的潜在的非认知层面的要求。高校、研究机构等应当对早期学术研究者的研究自主性给予肯定，这可以有效促进研究工作的正常展开，在提高他们的自我效能感层面给予助力，同时也将有利于早期学术研究者进行自我实现与自我满足。

（三）提高工作单位的包容性

通常认为，在异国他乡进行工作往往会面临严重的归属感问题，在日常生活中也会体会到更多的孤独。本书也多次发现不在本国进行早期研究工作的博士后在环境感知、工作满意等层面得分明显低于在本国开展工作的博士后，非本国博士后研究者在异国他乡进行学术工作，常常面临着语言障碍、文化差异、职业发展不确定性等多重挑战。因而需要为非本国博士后研究者创造一个更加具有支持性、包容性和有利于职业发展的工作环境，例如可以从社会文化适应、职业发展机会、心理健康支持、社交网络建设等方面入手，提供非本国研究者文化适应培训和交流活动，帮助非本国博士后研究者更好地融入当地文化和工作环境，改善他们的社交隔离与孤独感，增强其学术职业发展的公平性与基本保障，最终提升他们的工作体验和情绪状态，促进学术界的多元化和国际化。

同时，性别差异往往是早期学术研究人才发展差异的重要因素，女性在学术职业发展中的困境与挑战相较于男性而言更加严峻，应当通过持续性政策变革与实际支持，促进性别平等和支持女性学者的职业发展。例如，第一，改革学术评价体系，消除性别偏见，为女性提供更加公平、更有希望的评价标准。第二，相关机构与部门应当提供家庭友好的政策和福利，帮助女性学者平衡工作与家庭责任。第三，在制度保障层面，可以建立女性学者的职业发展支持网络和导师制度，为女性学者的职业发展保驾护航。第四，大学等研究机构应当持续加强性别平等意识的培训和教育，宣传差异性公平的基本理念，并通过政策倡导和制度改革，推动学术界性别平等的实现，真正地实现包容性文化的创建。

总体而言，发展工作单位的包容性关涉到社会公平和知识传播。学术工作者在教育和普及科学知识方面发挥着重要作用，他们的职业稳定性直接影响到教育质量和知识的普及程度。当女性、非本国研究者等相对弱势群体真正地在研究机构内部获得优良的工作体验，对于社会公平及包容性文化的创建也大有助益。

四、促进各部门合作及国际交流

早期学术研究人员在职业选择和发展方面面临着不少挑战，同时也拥有利用新兴技术和国际合作机会来提升自身研究影响力的潜力。政策制定者、教育机构和资助机构需要共同努力，为这些研究人员创造更加稳定和支持性的职业发展环境。首先，需要强化对早期学术研究者职业发展的社会支持，基层单位的群团组织、系所等应当鼓励青年科技人才增强职业发展的相关技能，不断增强自身调节能力。同时，各级单位应积极创设宽松、民主的工作氛围，为早期学术研究人员营造良好的工作环境，提高他们学术单位的工作获得感与满意度。其次，政策制定者、学术机构及行业界需要加强通力合作，例如通过国际合作项目和交流计划，为早期学术研究人员提供国际视野和经验，这有利于提高学术工作者的适应性和跨学科能力，以适应不断变化的研究环境。相关机构、组织应当完善合作机制，建构国际交流的合作平台，建立国际研究合作网络，通过政策支持和资金投入，建立跨国研究合作网络，促进资源共享和知识交流。国家要持续增加访问学者和交换项目，鼓励和资助早期学术研究人员参与国际访问学者和学生交换项目，拓宽其国际视野。学术机构要积极开展并鼓励参与国际学术会议和研讨会，为早期学术研究人员提供展示研究成果和建立国际联系的平台。管理机构需要积极推动产学研国际合作，为早期学术研究人员提供跨学科和跨行业的研究机会。

人工智能的使用对学术劳动力市场产生了冲击，也对学术研究者造成了影响，本书发现生成式人工智能会对学术职业的选择产生作用。作为一项正在成长的新生技术，人工智能在学术界的使用应当在国际社会的监督下进行，国际学术管理机构应当加快制定人工智能使用的国际标准与规范，促进人工智能技术的合理、公正和透明使用。国际组织需要加快建立国际合作框架、制定全球伦理标准、加强数据管理和隐私保护、提高研究者的技术素养、鼓励跨学科和跨领域的对话，通过全面的举措最大限度地发挥人工智能的潜力，同时避免其潜在的风险和负面影响。如此，才能确保人工智能技术不会扰乱正常有序的学术环境，确保对早期学术研究者的职业发展产生积极影响，为学术界乃至整个社会带来积极的变化，并最终推动人类文明的进步和繁荣。

附　录

附录 1　*Nature* 2023 博士后调查问卷中文译本 [①]

问题和选项	问题类型
1. 作为一名博士后研究人员，您是如何就业的？ 　1）与资助者签订定期奖学金或合同 　2）通过我的实验室负责人的学术补助金 　3）我直接为我的大学 / 研究机构工作 　4）我的博士后工作在工业界 / 学术界之外（例如制药 / 生物技术 / 政府部门 / 非营利组织） 　5）我目前正在休假 　6）我失业了，但正在寻找博士后研究员的工作 　7）我不是博士后研究员 　8）其他，请说明	单选题
2. 以下哪项最能描述您目前作为博士后的就业状况？请选择所有适用项。 　1）学术界全职 　2）学术界兼职 　3）工业界 / 学术界以外的全职工作（例如制药 / 生物技术 / 政府部门 / 非营利组织） 　4）在工业界 / 学术界以外的兼职（例如制药 / 生物技术 / 政府部门 / 非营利机构） 　5）其他，请说明 　6）我不是博士后	可多选 全职选项专属 （1，3，6）

[①] 　问卷原版出处：Nature Post–Doctoral Survey 2023，网址：https://figshare.com/articles/dataset/Nature_Post–Doctoral_Survey_2023/24236875?file=42568753。此处中文版本为著者翻译版本。

问题和选项	问题类型
3. 以下哪项最能描述您所从事的领域？ 如果您目前正在找工作，请说明您擅长的领域。 　　1）农产品及食品 　　2）天文学和行星科学 　　3）生物医学和临床科学（例如细胞、发育、基因组、分子、生理学） 　　4）生态学与进化 　　5）化学 　　6）计算机科学和数学 　　7）工程 　　8）保健 　　9）地质学与环境科学 　　10）物理 　　11）社会科学 　　12）其他科学相关领域，请注明 　　13）其他非科学相关领域	单选题
4. 您是否正在您的祖国进行博士后研究？ 　　1）是 　　2）否	单选题
5. 您是否从完成博士学位的国家／地区搬到其他地区工作？ 　　1）是 　　2）否	单选题
6. 为什么离开您完成博士学位的国家／地区？请选择所有适用项。 　　1）去特定的大学／机构／组织／公司工作 　　2）该国缺乏高质量的博士后机会 　　3）该国缺乏资金资助机会 　　4）追求特定研究问题的机会 　　5）更高的薪水 　　6）目的地国家的生活成本更低 　　7）家庭原因 　　8）体验另一种文化 　　9）返回我的原籍国 　　10）政治原因 　　11）其他，请说明	可多选

问题和选项	问题类型
7. 您是否在您完成博士学位的同一机构进行博士后研究工作？ 　1）是 　2）否	单选题
8. 距离您首次担任博士后已经有多少年了？ 　1）少于 1 年 　2）1—2 年 　3）3—5 年 　4）6—10 年 　5）11—20 年 　6）21—30 年 　7）30 年以上 　8）其他，请说明	单选题
9. 自完成博士学位以来，您做了多少次博士后？ 　1）没有 　2）1 　3）2—3 　4）4—5 　5）6—7 　6）8—10 　7）超过 10 个 　8）其他，请说明	单选题
10. 成为一名博士后是否符合您最初的期望？ 　1）比我想象的要好 　2）比我想象的还要糟糕 　3）就是我所期望的	单选题
11. 为什么这么说呢？	开放性问题
12. 您打算在哪个领域发展您的职业生涯？ 　1）学术界 　2）工业和 / 或其他部门（例如制药 / 生物技术 / 政府部门 / 非营利机构） 　3）在工业界 / 学术界以外的兼职（例如制药 / 生物技术 / 政府部门 / 非营利机构） 　4）其他，请说明	单选题

问题和选项	问题类型
13. 您目前主要工作的年薪 / 薪酬总额（税前收入或其他扣除额）是多少? 将您的工资转换为美元。 　1）少于 15,000 美元 　2）15,000 至 29,999 美元 　3）30,000 至 49,999 美元 　4）50,000 至 79,999 美元 　5）80,000 至 109,999 美元 　6）110,000 美元或以上 　7）我不想回答 　8）不适用	单选题
14. 您在过去 12 个月内的年薪（基本）工资 / 薪酬是否增加或减少? 　1）增加 　2）减少 　3）两者都保持不变 　4）我不想回答 　5）不适用	单选题
15. 您加薪的原因是什么? 请选择所有适用项。 　1）年度审查 　2）生活成本增加 　3）岗位职责变更 / 变更职称 / 晋升 　4）与经理谈判 / 留任 　5）绩效 / 工作好 　6）完成资格认证 　7）与资助者指南保持一致 　8）转到新工作岗位 　9）我不想回答 　10）其他，请说明	可多选

问题和选项	问题类型
16. 您减薪的原因是什么？请选择所有适用项。 　1）年度审查 　2）预算/削减（与COVID-19无关） 　3）预算/削减（与COVID-19相关） 　4）工作职责/职称变更 　5）减少工作时间（与COVID-19无关） 　6）减少工作时间（与COVID-19相关） 　7）转到新工作岗位 　8）我不想回答 　9）其他，请说明	可多选
17. 您的整体工资/福利待遇是否包括以下内容？ 　1）带薪休假 　2）带薪病假 　3）健康保险/福利 　4）退休/养老金计划 　5）育儿假 　6）补贴儿童保育	矩阵问题 单选题 选项： 　是 　否 不确定
18. 在你现在的博士后期间，你是否成为父母/有了孩子？ 　1）是 　2）否 　3）我不想回答	单选题
19. 您可以休多长时间育儿假？ 　1）没有 　2）少于1周 　3）1—2周 　4）2—4周 　5）1—2个月 　6）2—4个月 　7）4—6个月 　8）6—9个月 　9）超过9个月 　10）其他请注明	单选题

问题和选项	问题类型
20. 您是否因攻读硕士和博士学位而负债累累？ 　1）是的 　2）不是 　3）不愿说	单选题
21. 您因攻读硕士和博士学位而承担了多少债务？请以美元提供估计数。 　1）没有 　2）少于 10,000 美元 　3）10—20,000 美元 　4）20—29,999 美元 　5）30—39,999 美元 　6）40—69,999 美元 　7）70—100,000 美元 　8）超过 100,000 美元 　9）不想回答	单选题
22. 你目前能从工资中攒钱吗？？ 　1）是的，我想要的金额 　2）是的，但不是我想要的金额 　3）不，但我希望能够 　4）不，但我不需要 / 不想 　5）我不想回答	单选题
23. 您每周签订多少小时的工作合同？ 　1）少于 35 小时（我的合同是兼职的） 　2）35—40 小时 　3）40—50 小时 　4）50—60 小时 　5）每周超过 60 小时 　6）其他，请说明	单选题

续表

问题和选项	问题类型
24. 您每周工作超出合同规定多少小时（如果有的话）？ 　　1）0 小时 　　2）1—2 小时 　　3）2—4 小时 　　4）4—6 小时 　　5）6—8 小时 　　6）8—10 小时 　　7）10—13 小时 　　8）13—16 小时 　　9）16—18 小时 　　10）18—20 小时 　　11）超过 20 小时 　　12）其他，请说明	单选题
25. 在过去的一个月里，您有没有以下情况？ 　　1）实验室里通宵工作 　　2）在周末或休息日工作	单选题 矩阵问题 选项： 没有 是的，一次或两次 3—5 次 6—10 次 11—20 次 超过 20 次
26. 除了博士后，您还有第二份工作吗？ 　　1）有 　　2）没有	单选题
27. 您为什么找第二份工作？请选择所有适用项。 　　1）提供额外收入 　　2）培养技能以提升职业前景 　　3）追求其他利益 　　4）其他，请说明	可多选

问题和选项	问题类型
28. 您是否知道在您的工作场所 / 研究小组 / 部门中填补博士后职位空缺的任何困难？ 　　1）是的 　　2）不是 　　3）不确定 　　4）不愿说	单选题
29. 您认为博士后短缺的原因是什么？请选择所有适用项。 　　1）研究生正在选择更有利可图的职业道路，绕过博士后路线 　　2）地缘政治因素限制了博士后的职业流动性（例如，获得出国工作所需的签证） 　　3）高校研究机构用于招聘博士后的经费减少 　　4）博士后缺乏职业稳定性导致他们寻求其他职业道路 　　5）其他，请说明	可多选
30. 您对现在的博士后阶段满意吗？ 　　1）1 = 非常不满意 　　2）2 　　3）3 　　4）4 = 一般 　　5）5 　　6）6 　　7）7 = 非常满意 　　8）不适用	单选题 矩阵问题
31. 在过去的一年里，您认为您的满意度水平如何？ 　　1）明显恶化 　　2）恶化了一点 　　3）保持不变 　　4）略有改进 　　5）显著改善 　　6）不适用	单选题

问题和选项	问题类型
32. 想想您现在的博士后生活，您对以下几点满意吗？ 如果您无法获得任何福利或工作要素，请在下面的比例上注明。 　　1）工资/薪酬 　　2）福利，例如健康和牙科保险、退休计划 　　3）资金的可得性 　　4）研究时间量 　　5）职业发展机会 　　6）参加由工作场所赞助的培训和研讨会 　　7）工作保障 　　8）有机会参与有趣的项目 　　9）来自主管/PI 的指导和与主管/PI 的沟通量 　　10）组织的管理和领导 　　　　a.1 = 非常不满意　　　　b.2 　　　　c.3　　　　　　　　　　d.4 = 一般 　　　　e.5　　　　　　　　　　f.6 　　　　g.7 = 非常满意　　　　　h. 不适用	单选题 矩阵问题
33. 想想您现在的博士后生活，您对以下几点满意吗？ 如果您无法获得任何福利或工作要素，请在下面的比例上注明。 　　1）能够影响您的决策 　　2）工作/生活的平衡 　　3）总工作时 　　4）我对这项工作的兴趣 　　5）个人成就感 　　6）与同事的关系 　　7）我的独立程度 　　8）对成就的认可 　　9）在工作环境/工作场所感到安全 　　10）组织对多元化和包容性工作场所的承诺 　　　　a.1 = 非常不满意　　　　b.2 　　　　c.3　　　　　　　　　　d.4 = 一般 　　　　e.5　　　　　　　　　　f.6 　　　　g.7 = 非常满意　　　　　h. 不适用	单选题 矩阵问题

问题和选项	问题类型
34. 平均而言，您每周与经理 / 主管 /PI 进行多久一对一的接触？ 　　1）不到一个小时 　　2）一到三个小时之间 　　3）三个多小时 　　4）其他，请说明 　　5）不适用	单选题
35. 您是否觉得自己在现在或以前的博士后职位上经历过歧视或骚扰？ 　　1）是 　　2）否 　　3）我不想回答	单选题
36. 您直接经历过以下哪项？请选择所有适用项。 　　1）种族歧视或骚扰 　　2）移民 / 签证身份歧视 　　3）性骚扰 　　4）年龄歧视 　　5）性别歧视 　　6）性别与性取向少数群体（LGBTQ）歧视或骚扰 　　7）宗教歧视 　　8）残疾歧视 　　9）基于政治观点的歧视 　　10）基于个体的神经类型或认知功能的差异的歧视 　　11）霸凌 　　12）其他，请说明 　　13）我不想回答	可多选
37. 您已明确表示您在当前的博士后阶段中遭受过歧视或骚扰。如果您愿意这样做，您能否概述一下所涉及的内容？	填空题 开放性问题
38. 谁对您进行的歧视或骚扰？请选择所有适用项。 　　1）经理 / 主管 /PI 　　2）另一位高级同事 　　3）另一位博士后 　　4）研究生 　　5）其他，请说明 　　6）我不想回答	可多选

问题和选项	问题类型
39. 您是否在当前或以前的博士后阶段中观察到歧视或骚扰？ 这与其他人（例如同事）有关，而不是您的个人经历。 1）是的 2）不是 3）我不想回答	单选题
40. 您观察到以下哪项情况？ 1）种族歧视或骚扰 2）性骚扰 3）年龄歧视 4）性别歧视 5）LGBTQ 歧视或骚扰 6）宗教歧视 7）残疾歧视 8）基于政治观点的歧视 9）基于个体的神经类型或认知功能的差异的歧视 10）霸凌 11）其他，请说明 12）我不想回答	可多选
41. 您已明确表示您在当前工作中观察到歧视或骚扰。如果您愿意这样做，您能否概述一下这涉及的内容？	填空题 开放性问题
42. 您是否因与工作相关的抑郁或焦虑而寻求或接受过专业帮助？ 1）是的，我已经收到 / 我正在接受帮助 2）是的，我已经寻求帮助，但还没有收到 3）不，但我愿意 / 本来希望得到帮助 4）不，我没有 / 不需要帮助 5）我不想回答	单选题
43. 您在多大程度上同意或不同意以下陈述？ 1）我的工作场所 / 大学的心理健康和福祉服务是量身定制的，适合博士后的需求 2）我的经理 / 主管 /PI 对支持服务有很好的认识，如果需要，他能够为我指明方向 3）我的工作场所提供足够的心理健康支持 4）我的工作场所支持良好的工作 / 生活平衡 5）我的工作场所有一种长时间工作文化 　　a.1 = 非常不同意　　　　b.2 　　c.3　　　　　　　　　　d.4 = 一般 　　e.5　　　　　　　　　　f.6 　　g.7 = 非常同意　　　　　h. 不适用	单选题 矩阵问题

问题和选项	问题类型
44. 您是否因为抑郁、焦虑或其他与您的工作相关的心理健康问题而考虑过离开科学界？ 　　1）是的 　　2）不是 　　3）我不想回答	单选题
45. 您是否相信您的博士后工作场所在促进以下方面的完善？ 　　1）性别平等 　　2）族裔/种族平等 　　3）人身安全的环境 　　4）工作场所的尊严 　　a. 是的 　　b. 不是 　　c. 不确定	单选题 矩阵问题
46. 您如何看待未来的工作前景？ 　　1）极负面 　　2）有点负面 　　3）既不是正面也不是负面 　　4）有点积极 　　5）非常积极 　　6）我不知道 　　7）不适用	单选题
47. 您认为您的工作前景比过去几代博士后更好还是更差？ 　　1）更糟糕 　　2）稍微糟糕一些 　　3）既不差也不好 　　4）稍微好一些 　　5）好多了 　　6）不适用	单选题

问题和选项	问题类型
48. 您认为对您个人职业发展最大的挑战是什么？ 请选择最多 3 个答案。 　　1）资金竞争 　　2）不愿意 / 不能牺牲个人时间 / 与家人在一起的时间 　　3）不愿意 / 无法搬迁到新的地区去接受新的工作机会或研究职位 　　4）歧视 / 偏见 　　5）我渴望留在学术界 　　6）我想要离开学术界 　　7）缺乏适当的网络 / 连接 　　8）语言能力 　　9）缺乏相关技能 　　10）我所在领域缺乏可用的工作 　　11）新冠肺炎（COVID-19）的经济影响 　　12）其他，请说明 　　13）没有	可多选 最多 3 个
49. 若您认为缺乏相关技能对您的个人职业发展是一个挑战，您觉得自己缺少哪些技能? 　　请选择所有适用项。 　　1）人际交往 / 沟通技巧 　　2）写作技巧 　　3）人员管理 / 领导技能 　　4）计算能力 　　5）统计技能 　　6）具体实验技术 　　7）其他，请说明	可多选
50. 您是否计划在未来 6—12 个月离开当前的博士后岗位? 　　1）是的 　　2）不是 　　3）我不知道 　　4）不适用	单选题
51. 您会向年轻的自己推荐您从事科学研究吗? 　　1）是的 　　2）不是 　　3）我不知道	单选题
52. 事后看来，有哪些是您希望在开始博士后之前就知道的吗?	填空题 开放性问题

问题和选项	问题类型
53. 您是否在工作中使用基于人工智能的"聊天机器人",例如 ChatGPT? 　　1)是的 　　2)不是 　　3)我不知道	单选题
54. 您用它们做什么?请选择所有适用项。 　　1)代码生成 / 编辑 / 故障排除 　　2)优化文本 　　3)查找 / 总结文献 　　4)准备手稿 　　5)准备演示材料 　　6)改进实验方案 　　7)其他,请说明	可多选
55. 平均而言,您在工作中使用基于人工智能的"聊天机器人"的频率是多少? 　　1)每天 　　2)每周 　　3)每月 　　4)每月少于一次 　　5)我不想回答	单选题
56. 基于人工智能的"聊天机器人"的发展 / 快速采用如何改变了您的日常工作或职业计划(如果有的话)?选择所有适用项。 　　1)改变了我设计实验的方式 　　2)改变了我写论文的方式 　　3)改变了我分析数据的方式 　　4)改变了我想要的学习领域 　　5)改变了我想工作的行业 　　6)改变了我的教学方式 　　7)改变了我与文献保持同步的方式 　　8)其他,请说明 　　9)以上都不是	可多选 无排他性

问题和选项	问题类型
57. 您的雇主 / 研究小组 / 部门有政策支持以下哪项？请选择所有适用项。 1）回收一次性塑料 2）在适当的情况下，使用玻璃设备，而不是塑料设备 3）与其他团队 / 研究小组共享设备 / 实验室空间 4）在适当的情况下提醒关闭设备以节省电力 5）保持通风柜关闭 6）快速修复故障，减少效率低下的情况 7）高效利用超低温冷冻机 8）工作旅行的碳抵消 9）不确定 10）其他，请说明	可多选
58. 您现在住在哪里？ 1）亚洲（包括中东） 2）大洋洲 3）非洲 4）欧洲 5）北美洲或中美洲 6）南美洲	单选题
59. 亚洲哪个地区？ （选项略）	单选题 不确定
60. 大洋洲哪个国家？ （选项略）	单选题 不确定
61. 非洲哪个国家？ （选项略）	单选题
62. 欧洲大陆的哪个国家？ （选项略）	单选题
63. 哪个国家在北美或中美洲？ （选项略）	单选题
64. 南美洲哪个国家？ （选项略）	单选题

问题和选项	问题类型
65. 您的年龄是? 　　1）18—21 岁 　　2）22—25 岁 　　3）26—30 岁 　　4）31—40 岁 　　5）41—50 岁 　　6）51—60 岁 　　7）61—70 岁 　　8）71—80 岁 　　9）80＋岁 　　10）我不想回答	单选题
66. 您的性别是什么? 　　1）女性 　　2）男性 　　3）不分性别 　　4）其他 　　5）我不想回答	单选题
67. 您的族群 / 族裔是什么? 　　1）美洲印第安人 / 阿拉斯加原住民 　　2）亚裔 　　3）黑种人 / 非裔美国人 / 加勒比海人 　　4）西班牙裔 / 拉丁裔 　　5）混血 　　6）太平洋岛民 　　7）社区原住民 　　8）白种人 　　9）其他，请说明 　　10）我不想回答	单选题
68. 您是否认为自己是您所在国家 / 地区的少数民族和 / 或种族少数群体? 　　1）是 　　2）否 　　3）我不想回答	单选题

问题和选项	问题类型
69. 您是否遇到任何长期的健康问题或残疾? 　　1)是 　　2)否 　　3)我不想回答	单选题
70. 感谢您参与调查。关于您作为博士后的经历,您还有什么想与我们分享的吗?	填空题 开放性问题

附录2 访谈提纲和知情同意书

一、访谈提纲

1. 您喜欢现在的工作吗？为什么选择成为一名高校教师呢？高校教师的工作内容多样，我了解到的有科研任务、教学任务、社会活动甚至还有一些行政事务……，您能不能向我介绍一下您的一个典型的工作日是什么样子？

2. 您现在有焦虑或郁闷的感觉吗？自从您入职以来，感受或曾经感受到哪些方面的压力？您认为产生这些压力和焦虑或郁闷的原因是什么？

可能的方面：职称晋升、文章发表、指导学生、"非升即走"聘任制、环境适应（工作物质环境、人际关系）、生活负担（房贷、婚姻、子女教育、赡养父母）、行政工作，并视情况具体追问。

3. 您所在单位的聘任制度是新体制还是老体制？您觉得和相同职称的老体制教师相比，您的压力会更大吗？您的压力主要来自什么？（这个新制度对您工作热情主要起激励还是抑制作用？）

4. 您在生活中是如何应对或者缓解这些压力、焦虑和郁闷的呢？您会采用哪些方式进行情绪调节？

5. 您所在的单位（学校和学院）对您的关怀和支持一般都有哪些途径和方式？这些举措是否让您感到满意？您希望学校的基层组织，例如工会、校医院、心理中心等组织开展哪些活动或者工作可以在一定程度上改善和缓解学校青年教师的焦虑郁闷的情绪呢？

6. 您目前的身体状况如何？与刚入职时相比有哪些变化？您是如何看待工作与生活的关系的？

二、知情同意书

（一）研究目的

随着我国高等教育的发展，早期学术研究人员的数量不断增加，已然成为推动我国高等教育事业发展与人才培养的重要力量。但是，当前各高校之间、高校内部之间、学院内部之间竞争的激烈化加剧，早期学术研究人员面临强度较高的考核，普遍存在不同程度的心理焦虑现象。本研究拟从早期学术研究人员的焦虑现象入手，运用目的性抽样，对早期学术研究人员进行半结构化深度访谈，围绕其心理健康问题，感知早期学术研究人员的焦虑情况，并且聚焦其焦虑的成因，探讨发挥基层组织的作用，缓解早期学术研究人员的焦虑程度，促进早期学术研究人员身心健康发展的方法与路径。

（二）可能的受益及风险

参加这项研究不会对您有直接的好处。我们希望从这项研究中获得的信息可以真实有效，从而对今后高校的考评政策、基层组织等方面提出参考性优化建议，一定程度上缓解早期学术研究人员的焦虑程度。参与本研究将不会对您产生负面影响，您可以拒绝回答任何或所有问题，并可以随时终止参与，此研究不会干扰您的日常工作和生活。

（三）保密原则

研究人员都将对您的信息和访谈内容严格保密，不会向任何人（包括您的工作单位）透露您在访谈中的言论，且访谈结果仅为研究所用，我们保证您的数据不会外传。但因访谈时间有限，为了更加全面地记录您的反馈意见，过程中我想要请求录音，我将郑重承诺对您的录音严格保密，在录音过程中，如果有任何您觉得不适合被录音的内容，您有权随时暂停录音。

（四）联系信息

如果您在任何时候对本研究有疑问，或者您因参与本研究而出现不良反应，您可以联系负责的研究人员。

（五）自愿参与

您参加这项研究是自愿的，是否参加这项研究由您来决定。如果您决定参加这项研究，您将被要求签署一份同意书。在您签署同意书后，您仍然可以随时自由撤回，无需给出理由。退出本研究不会影响您与研究人员之间的关系。如果您在数据收集完成前退出研究，您的数据将被销毁。

知情同意书签字页

我已经阅读并理解所提供的信息，并有机会提出问题。我明白我的参加是自愿的，我可以在任何时候自由退出，不需要给出理由，也不需要付出任何代价。我将会得到这份同意书的副本。最后，我同意参加本次研究。

参与者签名：　　　　　　　　　　日期：

研究者签名：　　　　　　　　　　日期：

附录 3　受访者访谈记录（节选）

一、受访者 01

问题一： 请问您入职多久了？

受访者： 大概是两年多一点。

问题二： 这两年多时间里是一直在本单位工作吗？中途有跳槽吗？

受访者： 一直在，没跳槽。

问题三： 我了解到高校的教师的工作内容比较多样，比如说像教学科研的任务，甚至还有一些行政类的工作，那您可以给我们介绍一下您的一个典型的工作日是什么样子的吗？

受访者： 因为我住的离学校比较远，所以我可能一般会在早上九点多开车去学校，到学校差不多是十点的样子，然后我会处理一些教学上的一些事务，比如说我可能会看一下我的课件，或者批改一下同学们的作业，然后也有可能做一些科研上的工作，比如说把我论文的框架再完善一下，或者是联系一下其他的学者交流一下这个科研的一些想法等，大概在十二点就在学校吃午饭。我的课程一般安排在下午，我大概在一点半左右就会去教室上课，开始今天的课程的教学。一般来说是两节课，大概持续到下午四点左右我的教学任务就完成了，但是之后有时候会有学生答辩和一些讲座，如果没有安排这些事务的话，我四点钟左右下课就会选择开车回家。如果有其他安排，我会在学校多等一些时间，晚一点回家，因为五六点这个时间段比较堵，所以大概八九点的样子回家。这个大概就是我一天的工作情况，确实有科研任务，有教学任务，也有一些社会活动，甚至行政的事务，主要看哪些事在手头上比较多，可能就会抽出一点时间去完成它。

问题四： 老师这个工作日还是比较繁忙的，那回家之后还会进行学校的一些其他工作吗？还是回家就可以做一些自己的事了呢？

受访者： 回家的时候大概九点到十点的样子，因为我结婚了，所以我可能会选择和家人一起看看剧、聊聊天什么的，不太会再做一些工作上的事了。

问题五： 刚才您也提到平常早上或者晚上这个通勤时间可能要在一个小时左右，这个通勤时间对您的心情有什么影响吗？

受访者： 我觉得是比较累，因为有时候堵车时间会很长，心情没什么影响，因为通勤其实是比较日常且重复性很高的，但就是时间比较长的话需要集中注意力，疲劳感是有的，尤其像在夜里开车的话，光线也不太足，所以说精力要更集中一些。

问题六： 那您在工作方面会有焦虑或者郁闷的感觉吗？

受访者： 工作上我觉得杂事有点多，让我有点郁闷，但是这没有办法，像学院的各个部门的行政人员都会找到我，会给我安排一些工作，比如说监考、改卷、做讲座、招生、面试。会有点郁闷吧。我觉得焦虑主要不是来自这个方面。焦虑来自这个职称，像我们现在都是非升即走，所以有考核期和考核任务，还需要评职称，这个压力会更多更大一些。

问题七： 现在青年教师面临的一个比较现实的问题，就是非升即走下的考核制，您个人是如何看待这个制度本身的呢？

受访者： 我觉得初衷可能是想要激活大家的学术潜力和创新能力，但我觉得做学术和其他工作不太一样，因为成果不是即时就能出来的，有些东西是需要积累的，不管是写论文还是申请项目，都是一个积累的过程，有了一些底子，才能够拿到一些更好的资源。我觉得这个制度和学术成长阶段是不太匹配的，这个制度我目前不能给出一个评价，只是它的实施确实给我带来一些困扰，我觉得这个制度有优化的空间。虽然我也理解为什么会有这个制度，但是我觉得这个制度目前实施的方向和手段不是很合适，确实近几年在不断调整，像我们学校也不断改革用人标准，包括现在的"破五唯"这个标准的变化会更大，这恰恰也说明了，目前这个制度还没有达到一个很完美的状态。所以说目前来讲我个人并不非常认可，因为我觉得它还没有调整到一个最适合国内学术环境和学术成长的一个状态。

问题八： 老师可以具体谈谈你们学校这个职称晋升的考核标准吗？

受访者： 我们学校的职称晋升，主要是院内评，每年我们学院会有一到两个指标针对讲师升教授。考核的内容主要是科研和论文发表，然后还有课题项目也是被重点关注的，当然其他的工作服务的工作量，还有教学评分和指导学生人数以及质量，也会作为参考性的指标。这个标准对论文、课题的数量和质量都有要求。在这个及格线以上可能今年达标的人很多，那么就公平竞争，会把我们的材料先让校外专家进行评审，校外专家会针对成果给出一些建议，比如说某位老师的成果可能中文强一些，但是英文偏弱，或者说是项目偏强一点，论文偏弱，有类似的一个评价和意见，但是最终作决策的还是学院的教授委员会，他们会讨论了以后再去确定今年评职称的指标给谁，大概是这样的一个流程。

问题九： 老师刚才也说会有很多老师都达到这个基础的标准，那在整个职称晋升过程，哪一个环节觉得是最困难的呢？

受访者： 我觉得不同老师不一样。我论文相对来说还好一些，课题相对来讲就很差。我觉得自己还没有找到申请课题的一个路径吧，感觉也是在"撞墙"，到处撞，有些东西是自己试了以后才有经验的，所以这个也是一个问题，在这方面很少人会告诉我这条路怎么去走。我们初次进入职场的时候，很多东西还是得自己去"撞"出来，因为每个人的标准都不一样，有的说"我按我的方法申请上的项目"，但这个不一定是标准答案，因为每次审理项目的这个专家又不一样。有的时候不知道自己的问题在哪，我觉得这个是很可怕的一件事情。

对我来说，好像项目申请的时候，不会提供一些具体的评审意见，所以不知道自己的问题在哪里，我觉得这是挺难的，就是找不到方向，所以这可能是对我职称晋升上最大的一个限制吧。

问题十： 老师您遇到课题比较难申请的时候，可能自身也有一些这个焦虑的情绪吧，您在生活中是如何应对这些压力的呢？

受访者： 觉得应对压力有点难，我其实没有什么很好的调解办法。我只能把我投入另一项工作，用繁忙去让我暂时忘记这个事情，但是这个事情迟早得去面对。我有时候会和同事交流，有一些自己的朋友，可以诉说一下自己的压力。因为实际上对于很多年轻教师来讲，他们的压力源头基本上一致，那么当你说出你的经历的时候，别人也会觉得好像我也是，你会觉得自己有种找到同伴的感觉，在这个过程中我觉得自己的压力会相对减轻一点。但是压力还是会在这里，当看到别人的成果的时候，也会再次想起自己这部分的缺陷，压力又会过来，所以说我觉得这些方法很难奏效，关键还是得要去解决它。比如说像我的话，项目相对来说比较弱一点，我也会时常去思考，我到底有什么项目可以申请，我到底用什么样的主题去申请项目？哪些主题会是可能会中标的主题？这些主题大概应该用一些什么样的方法去做研究？关于这些事情我也会时常思考，我觉得还是准备不够周全，如果说准备确实比较周全的话，其实对自己项目申请比较有自信，可能压力相对来讲就会小一些了。但是和我刚才说到一点就是矛盾，因为其实不知道该怎么去准备，所以说这点其实很麻烦。

问题十一： 您所在单位有对青年教师申课题或者其他困难的倾向性帮扶吗？

受 访 者： 经常会有经验交流会，我觉得这个算是一种帮扶。然后领导其实很支持项目申请，但有时候他们其实也不太清楚我们到底需要是什么，所以说项目交流会算是一种比较常见的一种方式，我们确实也能从中收获一些东西，但是我觉得真正要适用到自己身上，可能还是得要从中找到一些比较适切的建议吧，因为不是所有建议都可以参考，所以如何汲取这些这个经验，我觉得也是比较困难的。但是我觉得学校还是做到了对青年教师的关怀和照顾。像我们学院也会经常组织校医院的医生来给我们开展一些心理讲座，我觉得这个是有用的，虽然我没有去听过，但是我有同事去听过，他反应说是很有用，听了这些心理医生的说法，会慢慢想明白自己面临的一些问题。从心理健康的角度出发，学校和学院有的时候也会给我们提供一些心理健康监测，有简单的心理测试。会定期地组织一下学院教师出行出游，提供一些交流机会，我们也有学术午餐会，让每位老师讲一下自己的研究，然后大家做一些交流。我觉得这也在一定程度上对我的这种心理状态有些缓解吧，因为交流人多了，以后大概也能找到一些自己的方向，所以我觉得这个可能确实是得到了学校的帮助。

问题十二： 从老师自身的角度谈一谈，您还希望学校在青年教师的关怀方面开展哪些工作能够进一步缓解焦虑？

受访者： 我觉得这个确实不好说，因为每位老师的压力都不太一样，有些是职称晋升，有的是论文发不出来，有的是项目申请不上，有的跟学生矛盾又比较多，指导学生有困难，有的可能家里有房贷、子女这些压力，所以说每位老师的压力不一样，但是我觉得学校能做到的事情真的还蛮多的。之前没有去了解过，但是了解到以后会觉得居然这种事情都能做到，比如说像我们学校，有假期子女托管的这种活动，我都觉得很惊讶。当然我们也有自己的附属学校，对于很多老师来讲照顾子女的压力比较大，照顾子女的时候没法做科研，所以会有这样的一个活动。当然现在对我来说还没享受到，因为我现在还没有孩子。所以我觉得学校确实已经从很多方面减轻教师的压力了。目前从我的角度来讲，我还是比较满意的，如果让我提出来一个新的，我可能还提不太出来，我觉得学校考虑到的比较多了，但是有些问题可能还是要自己去解决，比如文章发不出来，学校也没有办法提供任何的帮助，自己的科研肯定还是得自己去做。所以我觉得我们学校这种支持的力度和全面性，我觉得还是比较满意。

问题十三： 看来学校也是下了不少功夫，那老师您现在身体状况怎么样？与您刚入职的时候相比有哪些变化吗？

受 访 者： 好像没什么太大的变化，可能因为我入职时间比较短，但是确实我有些同事入职时间长了以后身体越来越差。因为学校的工作其实也没有想象中轻松，事情确实比较多，虽然课不会排得很满，但是各种事务放在一起会比较乱，同时还有一些考核的压力，我觉得总体压力还是比较大的，当然我现在才入职两年，所以我的感受还不是特别深。

问题十四： 您刚才讲经常有考核，那这个考核是怎样的呢？是年底考核，还是阶段性的呢？

受 访 者： 我们是两个考核都有，年底的考核会决定今年的绩效，也就是我们常说的年终奖，所以说年底考核是一部分。阶段性的考核也有，就是一个聘期的要求，要求完成不少于多少的工作量。其实教师一直在被考核，所以我觉得这是常态，有考核也一定有压力，只不过有的学校的考核标准可能相对来讲不会特别高，可以比较轻松达到，但是有的学校可能要求比较高一点的话，那么这个考核期的压力就比较大。

问题十五： 考核期这个压力就会一直都存在吗？还是比如说要是年底考核在12月份可能会焦虑达到一个顶点？

受 访 者： 我觉得是一直存在的，因为实际上有些成果在最后期限的时候是出不来的，所以说我们的压力是常年存在的。得从年初就开始构思今年如何去满足考核的要求，如果说要写论文，那就得规划一下到底几月能把论文写出来，投稿修改到出刊的时长又是多少，整个过程得要有计划，所以这个压力一定不是只有在临近考核期才有，一定是长期伴随的。所以为什么前面也提到说老师身体会变差，因为这个压力长期存在的话，教师没有什么喘息的空间。当然你可以暂时去做一些别的事情忘掉它，但是它会一直在那里，你总归都还是要焦虑的，我觉得是很难避免的。我个人觉得基本上每个学者都有自己的焦虑，就算是一些老教授，他们也有自己的一个目标，他们的目标可能会比我们青年教师会更大一些，他们也有自己的追求。

问题十六： 那老师您如何看待工作与生活的关系呢？

受 访 者： 家庭和工作需要平衡，我没课就待在家里，能陪家人的时候我还是想尽量回去享受当下的生活。但有些任务比较紧急也得抽出时间去完成。对于教师来讲，工作基本不会很急，学校可能会提前给你说一下，比如说哪天你需要去监考一下呀，或者哪天你需要去这个面试一下，其实有调整的余地，尤其课程安排不是特别紧张的时候，其实是可以提前作一些调整，这个调整其实就是一种协调。比如说我可能有个很急的工作马上要去做，那么我可能暂时牺牲一下自己的时间，比如说我现在正在外面旅游，那么我可能就打开电脑，短时间内把这个东西先规划好处理一下，然后再回头去旅游。如果我们现在这个工作不太紧急，相对来讲协调的余地就很大，但是工作压力会长期存在，所以说提前做好规划做好协调，在这样的一个基础上工作和生活应该是可以并行的，不然的话让一个进度影响到另外一个的进度，比如说你生活影响到工作或者工作影响到生活都会不太好。所以说确实这个协调是很重要的一件事情，教师的工作不像在企业上班，出差这些很难避免，我们工作性质还是比较有弹性的，我觉得还是需要协调好。

问题十七： 在访谈最开始的时候，也了解到老师是比较喜欢当下的工作的，那您在入职之前是对这份工作有哪些期待吗?

受 访 者： 入职之前我认为应该还是个比较安逸的工作，首先有寒暑假，而且课程不会像中小学一样那么多，大学教师的课程可能一周几节，所以我觉得可能有很多自己的时间去做自己的事情。这是我来之前的一个期待。但是来了之后确实不是这样，其他的事务性工作还是很多的，基本上会把时间撕得很碎，比如说今天可能想休息一下，但是有一个试卷需要改一下，或者说被告知今天下午有个讲座要去听一下，一天的时间就被撕裂了。因为我这种通勤情况，下午如果有个讲座要去参加的话，上午就得出发，因为我开车过去时间很长，到学校就基本午饭时间了，什么完整的事情都干不了，时间就浪费了，所以说我觉得可能这是跟我期待最不一致的地方。

问题十八： 看来确实可能工作跟预想会有一定的出入，您如何看待这样的情形呢?

受 访 者： 没办法，学校支付薪酬也不是让你天天做自己的事情，所以我是可以理解的。但是这些事情会把时间拆成碎片，我觉得有点麻烦，没有办法把它拼合成一个完整的时间去做一件整件事情。有些安排也是会占用一些精力，跟本身的考核、科研其实是不相关的，这些任务也会让我心里有点不平衡，有一些看法，但是总体来讲，我是可以理解的。

二、受访者 02

问题一： 老师，之前了解到您现在已经工作两年多，请问您当时博士毕业的时候，就已经想要做一名高校老师了吗?

受访者： 对，因为我们读博士的时候可能大部分同学是奔着以后从事学术职业的这样一个志向吧，但是可能当时在找工作的时候也会考虑如果找不到合适的教职，是不是也会考虑其他的一些出路，但是可能教职会放在首要的位置。

问题二： 老师们工作比较多样，比如有科研任务，或者一些教学任务甚至还有行政工作，那老师可以跟我描述一下您的一个典型的工作日是什么样子的吗？

受访者： 我这么给你介绍一下，因为我们学校就是像你刚才提到的老师们的工作的内容不太一样，但其实取决于每所学校对于老师的要求，具体到不同的学院，因为功能部门配置的人员的情况，肯定还是会有一些行政工作，然后大部分从事的是教学和科研两部分的这个工作。我是每个学期大概一到两门课，我入职时间还不是很长，所以现在开课的话可能会需要花大量的时间来备课。除了这个之外，我们也会被要求带学生，青年教师进入高校里面以后根据学院的要求，可能会要求带硕士生或者本科生，平时可能每两周给他们开个组会，然后指导一下他们做课题或者写论文，包括他们最后的毕业论文。然后本科生这边今年必须要有学生工作的经验，所以我这个学期还做了本科生班主任和学业导师，学生指导是比较重要的。但这只是工作的一部分，大部分的时间就是做科研，因为学校对老师的科研要求还是比较高的，所以作为青年教师，其实科研压力是比较大的，做课题和写论文是日常的工作，大概就是这个生活图景。当然也会有一些其他的事务性的工作，比如说学院的学生答辩，我可能需要去当答辩秘书，要收集学生的材料、表格，还会参加一些学校的培训、学科评估、监考，阅卷什么的，但是主体的工作其实就是教学和科研这两部分。

问题三： 您要应对这么多工作，那您在工作中有这种焦虑，或者是郁闷的感觉吗？

受访者： 刚开始入职的时候会更严重一些，就是压力比较大，觉得可能需要一个适应的过程，就像本科生刚入校大一期间是一样的，面对一个新的环境，身份和角色有一种转换，有很多陌生的东西需要去适应，然后再加上考核压力像达摩克利斯剑一样悬在的头顶，这个东西如果实现不了的话会比较焦虑。所以就是刚开始入职的很长一段时间会有不能自己来掌握时间的感觉，更多还是被推着往前走，所以会有焦虑，但是不至于到抑郁的程度。

问题四： 刚入职的时候和现在相比焦虑的感觉有变化吗？

受访者： 现在我觉得跟去年比起来，可能从事务上来说其实今年做的事比去年更多，但是从心理上来说，可能会比去年那个焦虑缓解一些。因为一方面可能对这个环境慢慢熟悉了、适应了，另外一方面就是可能工作或者要完成的指标性任务也在不断画对号，没有那些硬性压在身上的任务了，所以在面对工作的时候会比之前稍微从容一点。当然，其实因为没有完全完成这个任务，所以可能还是会很焦虑，尤其是我们明年会就是中期考核了，就是会有一个最后期限，所以其实焦虑还是有的，只不过跟去年比起来，我今年会稍微好那么一点。

问题五： 现阶段比较焦虑的点就是这个中期考核，那老师你们学校这个中期考核大概从哪几个维度进行考察呢？

受访者： 我们这个考核现在还没有先例，按照合同的要求会有一些指标，比如说教学有课时量，科研有论文课题数量，还有一些学院事务性的，主要是让领导和同事去评价为学院服务的情况，另外还有一部分是关于学术交流的，国内国外要有一些参会。除了这些之外，其他的我暂时不是特别了解，我也没有先例可循，所以不知道接下来实际的考核会是怎么样。

问题六： 那老师您觉得这几个模块哪部分最难达到或者哪部分您觉得压力最大？

受访者： 作为青年教师来说，其实科研压力是比较大的，做课题和写论文是日常的工作。科研压力就主要是课题申报和论文发表，因为像上课这种可能你只要课开够了就可以，像学术交流等方面其实也都还是自己比较能控制。但是申请课题会有很多的不确定性，所以这个压力我觉得可能是最大的。然后就是论文发表，因为其实说实话国内好期刊数量比较有限，然后发论文的周期也很长，一年我觉得现在都算正常的周期了，可能就是像国内的很多期刊可能等两年甚至时间更长的也有，这个不太好说，所以不太容易自己去把握这个进度。

问题七： 那其他方面还有其他压力吗，比如说指导学生或者老师也提到作为青年教师刚刚入职到一个新环境，可能要在学校学院里面处理的人际关系比较多这些？

受访者： 其他方面其实也会有，但是我觉得压力最大的来源，肯定就是科研压力，其他的我觉得适应了以后就觉得都还好，刚入职会有觉得有压力，但是现在就是比如说像人际交流，包括教学、指导学生这些的压力相对小一些，因为我觉得指导学生如果碰到跟自己气场比较和的，或者说跟自己比较契合的，相对比较听话的、能听得进指导意见的这些学生，其实指导起来，压力并没有那么大，因为互相之间会有一个比较默契、相对和谐的相处模式，但是我有同事他们比如说有遇到有个性的孩子，可能指导的时候，他可能不太愿意接受你的建议，那种我觉得可能会有压力，会担心论文他不听你的意见，只是顾自己那样去写的话很容易毕业不了，甚至还会有一些学生出现心理问题，但是这个主要取决于学生具体的情况。

问题八： 主要科研方面的压力是最大的，老师平时在应对科研压力比如论文发表的周期这么长，其间可能也会有焦虑情绪，那您是怎么应对的呢？或者是平常会采取哪些措施进行情绪调节呢？

受访者： 其实我觉得解决焦虑最有效的方式就是去做，因为我觉得每个人都有惰性，就是你面对这个任务，如果是非常简单的一个事，可能你随手就做了；如果它相对比较困难，有时候你就想放一放或者说会有点拖延，在这种情况下我觉得拖延的过程会让自己更焦虑。比如说你可能同时有好几件事情，然后这几件事情可能有一个难易的划分，你可能会更倾向最简单的事情先做完，然后再去做难的事，但其实那个难的事情可能要花费的时间更久，所以这个拖延的过程会让你焦虑加剧。当然就是有一些事，可能不是说你马上就能够完成的，那平时就会跟朋友出去吃个饭，或者是去找比较有经验的老师聊一聊，听一听他们的建议，奔着解决问题的目标迅速地把这个任务完成。如果比较难可能会去听取一些其他人的意见。非任务导向型的去找朋友吃饭，或者是自己跑步健身、唱歌什么的，就是换一些其他事情来调节一下状态，让你能够更高效地去做事。

问题九： 老师您所在的学校或者是学院有针对青年教师科研压力大的问题做过哪些优化性的措施吗？

受访者： 专门针对心理压力的话，我们学校的工会会时不时地组织一些专门针对心理压力的讲座，当然不完全针对青年教师，是针对全体教师。面对青年教师，我们学校会在教学方面秋季学期的时候组织进修或者培训班，是强制要求参加，然后会请很多专家学者或者是一些比较有经验的老教师从不同的维度，比如说教学、科研、管理时间、管理情绪各方面会有一些课程。然后学院最近这一年内组织了一些学术沙龙，这个可能参加的都是一些年轻的老师，然后院长和书记会参加，围绕一个主题让大家来座谈。

问题十： 像心理讲座、学术沙龙这些活动会切实缓解青年教师的压力吗？

受访者： 我觉得可能要取决于具体讲的老师，他讲的东西对于你来说是否能够解决你当下的问题，这个不是特别确定，就是可能会有某一些老师的某几节课确实你会觉得是有帮助的。另外我觉得非常重要的一点，就是类似的这些活动本身我觉得帮助更大，因为去参加这些活动的时候，会和同一批进来的这些老师在一起，本来可能大家平时各忙各的交流并没有那么多，但是反而通过这种活动，互相之间会建立一个联系，比如说大家每天都或者每周都有那么几天在一起上这些课，然后大家可能彼此熟络了之后互相交流、互相鼓励、互相宽慰可能会比参加这个讲座本身更有帮助一些，对于缓解焦虑的情绪是非常有帮助的，可能就是上课时可能他讲的过于理论化的话，会让你觉得有收获，但是对调节你当下的情绪可能没有那么立竿见影，但是可能你跟别人聊天，尤其是跟你同处相同的压力的同事互动和交流，会让你立刻释放很多之前的很多担忧，因为你会觉得大家都一样，我们都能跨过去这个坎儿。对我来说吧，我觉得这个可能是一个很重要的缓解焦虑的形式。

问题十一： 假如说学校想征求您的意见，比如从您高校教师这个角度想一想，如果让您设计的话，有哪些真真切切为青年教师缓解压力的这些活动呢？

受 访 者： 我这个说法可能只是根据我的认知，基于我的这个经验判断，我觉得可能大部分的青年教师的压力主要还是来自科研，弦不能绷得这么紧，这是从源头上来解决的。但是我觉得这个可能不太现实，因为现实状况下学术金字塔最底层的就是青年教师，对其学术产出的要求就是更高。如果说政策不变，我觉得像我们学院可能会有一些课题的团队，通过参加团队活动能够获得一些资源，然后帮助自己申请课题和发表论文，能够给我们提供一些比较有价值的数据或者是一些支持。我觉得对于青年教师来说，帮助他更快地达到科研要求，是从根本上解决科研压力的一个比较有效的办法。另外就是因为现在鼓励教师之间的合作，包括这种跨学科的合作，如果能够搭建一些平台，让一些能够搭得上的老师互相之间有交流的机会，是不是可以拓展一些科研上的合作。然后再有就是如果能够给青年教师搭建一个非学术性的交流平台也很重要，就是大家互相之间哪怕就是吐吐槽，我觉得可能也会有帮助。

问题十二： 那您现在已经入职两年多，您感觉现在的身体状况和您刚刚入职的时候有什么变化吗？

受 访 者：我现在身体还好，好像变化不是很大，但是自己会觉得自己变老了，这个东西可能是一种主观的感受，今天觉得自己变老了，过两天就是又觉得自己还挺年轻的。

问题十三：如果是这个感觉的话，那应该身体状况不错，那您是如何看待工作和生活的关系呢？

受 访 者：这个可能是一个比较经典的话题，就是怎么平衡工作和生活，我觉得对于年轻教师来说，尤其对于女性的年轻教师来说，现在的这种考核机制，尤其是人事制度改革以后的新体制事实上对女性青年教师没有那么友好，因为科研压力是非常大的，说实话我前两年的大部分的时间都扑在工作上了，我现在还没有结婚，如果我现在有家庭有孩子的话，我觉得真的是很难兼顾，确实压力会很大，工作量也比较多。对于青年教师来说，制度在不停变化，所以就会提出很多的要求。对于女性的年轻教师来说，因为她可能到适龄要面临结婚生子的压力，包括照顾家里的老人等一些压力，还是很难兼顾的，可能对于女性教师来说，跟男性教师比起来，她的发展会天然地面临很多的屏障和阻碍，我的理想状态是尽快把职称评完了之后，不要把那么多时间扑在工作上，这个状态一直持续，弦绷得很紧，其实不太利于个人的发展。

问题十四：对于女教师们面临结婚、生孩子这些问题，您希望学校在这方面给您提供哪些帮助吗？

受 访 者：我来之前是听到学校有老师说有联谊、孩子托管这些活动的，我也没有参加过，但是我听之前的老师说应该在学校都是有的，就是包括对对子女也会有一些类似的帮助。

三、受访者 05

问题一：首先想问一下老师，为什么会选择成为一名高校教师？

受访者：一般我感觉读了博士之后，大家都想去做高校老师，感觉是理所应当的，然后周围的老师或者其他同学也都是这么选择的。第二我确实感觉更喜欢高校这个工作氛围，比如说高校有寒暑假，然后每天上上课，其实我挺喜欢给学生上课的，可以接触到不同的学生，不同的人，现在学生很聪明，通过讲课内容可以给你很多反馈，很多东西你都没想过，这也是一种收获。而且就出于各种现实的原因，出于自己也喜欢这种氛围，所以就想来高校工作。

问题二： 我之前也跟我们学校的老师有过交流，就是发现高校的教师们的这个工作内容非常的多样，能不能请老师给我们描述一下您的一个典型工作日是什么样子的？

受访者： 我可以给你举一个极端的例子，很多时候这不是一个常态，比如说上午四节课，上完四节课之后，吃了个午餐。然后按道理来说，下午就没课了，没课了就可以回去了，但是因为确实我做了很多的行政工作，那天上午上完课之后，下午给学生开会。然后我们学校有一些其他工作，我们会带学生去参加，也需要开会去筹备。开完这个会之后，老师就可以走了。但是那天不巧，晚上还有些事情，从早上六点到晚上十一点，有学生找你问问题，然后要给他们解决这个问题，有时候领导会过来抽查。这样完了之后，到十一点就回去睡觉了，这是一个极端的例子。

问题三： 看来老师确实参与了很多类型的工作，晚上要到十一点。那老师您对您参加的这些行政工作持什么态度？

受访者： 我感觉有时候要不要做这个工作和领导有关。有很多领导的态度是你如果不愿做或者就不做，也对你没什么影响。但是有些领导他会特别执着于让你干这个事。

问题四： 除了学生工作和行政工作，老师您一般会用什么时间做科研工作？

受访者： 对，我刚说那个是一种极端的，如果没课的时候，也就不用去学校，有时间可以去看看课题，看看论文，往前推一推，也需要备课之类的，都是挤时间。

问题五： 老师您所在单位的聘任制度是新体制还是老体制？

受访者： 我们单位没实行新体制，还是这种旧体制，入职的时候会签一个合同，离职违约金特别多，所以说会限制你离职。在我们这做个老师也挺好，可以一直躺平也不会有这种非升即走的压力。

问题六： 没有这种非升即走的压力，那您学校评职称这方面难度大吗？主要考核哪几个维度？

受访者： 我们学校和其他学校相通的就是科研项目，你要主持完成一个科研项目，至少省部级的，然后要发几篇核心期刊，这是必要的。然后教学是满工作量，教学评价是合格以上，然后我们单位还有一个和其他学校不一样的地方，就是我们需要去锻炼。这些成绩都达到了，就可以评职称了。所以说要评职称的话，还是有很多科研的压力在的。

问题七： 老师您觉得您学校的教学压力重吗？

受访者： 按学校的规定，一周上够课时就可以了，但是很多人都会超过这个规定，因为老师不够，我们学校生师比其实蛮高的，但是专业教师是比较短缺的，导致很多老师的课时量会比较多，一般都会超课时量超负荷来工作。所以也分人，但是我这学期一周八课时，再加上几节研究生的课，我个人感觉还可以。像我今年一门新课，一门老课，老课基本上开课之前再稍微地备一下就可以了，所以压力就没那么大。

问题八： 自从老师您入职以来，您有感受过或者是之前有感受到哪方面的压力比较重吗？

受访者： 第一个就是职称晋升，这方面有压力，要么就申项目，对我来说项目还可以，就是运气比较好一些，最主要是发文章和写论文，有时候一个是写不出来，更可悲的是写出来之后你发不了，然后一遍遍被拒稿，这很焦虑。我们学校工资还很低，条条框框又很多，有很多行政性的工作，生活方面就是房贷、婚姻、家庭这些。

问题九： 那工资会影响您的生活质量让您有生活负担吗？

受访者： 当然了。现在买不起房算不算是我生活负担？要买了房之后根据我的工资水平，每个月公积金加上工资，估计刚刚够房贷的水平，我就没有收入了。

问题十： 老师您现在居住问题怎么解决呀？住在学校里吗？

受访者： 对，我现在住在学校里面，还没有租房的压力，如果租个房，那基本上就不剩钱了。

问题十一： 那在学校住可以一直这样住下去吗？

受 访 者： 那不可以，还有时间限制，比如说结婚了或者是买了房子之后，就要腾退的，这叫单身宿舍公寓。

问题十二： 原来是这样，那还想了解一下，您所在的这个单位包括学校和学院有专门对青年教师谋划一些关怀活动，或者是帮扶措施吗？

受 访 者： 关怀活动有就是所谓的传帮带，新老师要是上什么课的话，一般可以提前去老教授那边听听课，这个是没问题的，但是像比如说物质方面的奖励好像没有。还有入职培训工作坊这个东西每个学校都会有。

问题十三： 那一般像工会会举办那种青年教师沙龙的非学术活动吗？

受 访 者： 我们学校很少，举办了大家也没时间去参加，也不愿意去参加。

问题十四： 那老师您觉得学校这种基层组织举办什么样的活动，可以真正能让青年教师参与进来并且能够一定程度上缓解青年教师的压力？

受 访 者： 基层组织我个人认为举办什么活动，也不可能缓解这个压力，因为考核指挥棒在这个地方，考核体制不变，这个压力都会在的，除非躺平，就不会有压力，没有压力也不会有动力，他们也懒得搭理你去参加你的各种活动。或者是要给大家大幅度涨工资，让生活更舒服，缓解生活压力，我感觉这个压力并不是基层组织能够做到的。

问题十五： 如果这样的话，领导们关注到基层青年教师的这方面就会少一些，

　　那老师您现在这个身体状况怎么样？

受 访 者： 身体状况现在还挺好的。入职之后也挺注意，我会抽时间去游泳，
去跑步，去锻炼一下，所以说身体状况还算凑合。

问题十六： 那最后想问问老师，您是如何看待工作和生活的关系？

受 访 者： 我认为工作是工作，生活是生活，两者不要交叉在一起。我个人
还是更喜欢有一些生活的，所以说第一个问题，你问我为什么要
来学校工作，我感觉在这个地方可以把工作和生活分开，我可以
有更多的时间可以去过我想过的生活。

问题十七： 看来这个理想和现实还是比较契合的，老师你们假期可以完全地
放假不用考虑学校的一些工作了吗？

受 访 者： 对，一般的放假之后就不会考虑了，但是要申课题、写本子、写文章，
这东西是要做的。

问题十八： 那还有其他的压力或者困难刚刚没有提到的吗？

受 访 者： 无非就是生活压力，还有职业发展的压力。这两个解决掉了之后
基本上最主要的矛盾就解决了，其他压力也特别多，但是不是最
主要的。

四、受访者 09

问题一： 您喜欢现在的工作吗？

受访者： 我喜欢。

问题二： 为什么喜欢？

受访者： 我觉得跟我预期设想的一定程度上还是很挺像的，还是比较自由的
一个工作状态。所以我还是比较确定自己是喜欢这个工作状态的。

问题三： 那您当时预想的是什么样子的？

受访者： 我预想的大学老师的工作就是不需要坐班，自己安排自己的时间，
然后去平衡自己的科研教学还有一些行政方面的工作，主要是自主
性比较强。我现在有点回忆不起来当时的这种设想了，因为现在已

经处在这个情境当中了，就觉得好像从博士生过渡到现在的这种高校的青年教师的这个角色还挺自然的。

问题四： 那您现在作为大学老师的工作内容可以介绍一下吗？分成几大类的那种？

受访者： 可以。其实就包括科研、教学，然后还有学校的行政任务，还有一方面就是领导给安排的一些科研任务，然后还有一些就是和我的专业相关的一些活动事务往来。

问题五： 那您能再讲得具体一些吗？比如说您科研主要做哪方面？教学大概工作量怎么样？行政管什么？

受访者： 科研任务主要还是自己探索的状态，我的合作导师有给我分配一个具体平台的某一块儿的业务工作。围绕这样的工作的话，我可以开展我自己感兴趣的一些研究的主题，包括还给我安排一个研究方向，然后围绕这些主题，我自己去想出一些方法，然后去做一些活动，在活动当中收集数据，开展这些科研任务，从里面可以看看做一些研究写论文。然后教学任务的话，给我分配的教学工作量不是特别大，每学年是完成一门授课的工作量。所以在第一年，我是教了一门专业课，然后后面和其他老师合开了一个选修课。然后行政的事务，其实我所涉及的，目前来看，行政事务倒不太多，都是行政领导给安排的一些任务，比如说安排的参与某个大课题申报书的撰写，在这个过程当中起到一个小小的螺丝钉和搬砖的角色，给分配什么任务写哪个小部分就去写哪些小部分。

问题六： 我感觉您好像工作任务还挺多的，您在工作中有觉得有压力或者焦虑的时候吗？

受访者： 日常偶尔都会有这种焦虑的时候，然后有时候就是那种爆发性的，特别是有时候带孩子时间长了，觉得时间不够用的时候，这种焦虑的情绪就会出现。比如对我来说，这个焦虑发生的最普遍的时候，就是因为带娃时间不够用，所以就发脾气，这种日常性的焦虑经常会存在。但是如果说从这种长远的，或者整体性的来看的话，我觉得我还是一个比较乐观的人，会自己消化掉或者是排解掉短暂的焦虑情绪。

问题七： 那您觉得您的这些焦虑来源于哪些方面？

受访者： 这个焦虑我觉得可以分成几个部分。比如说在我入职最前期的阶段，因为有一些科研方面发表的考核的指标，这个时候的焦虑是非常具体的。因为关于自己的能力，以及自己的工作任务是不是能够达到学校要求的指标，或者说当还没有达到学校要求的时候，会产生自我怀疑，所以这是非常普遍的一个状态。然后一年以后，学校指标被自己完成了，相当于现实条件下自己的能力符合了学校的预期之后，这方面焦虑感就降低了，也就是有了一种对自己能力的认可。比较来说的话，前面是把自己和他人的目标之间对比所产生的一种焦虑，而现在后期主要是自己的这种工作状态和自己的期许之间的比对所产生的焦虑。

问题八： 那您刚才提到过您的考核指标，您感觉您所在的机构给您的考核指标是什么样子，然后您觉得这个指标的设置是否恰当？

受访者： 我们学校的这个考核指标是在规定年限内发表一定数量的权威期刊论文。因为不同学校不一样，相当于某些学校的这种 A 类论文，然后或者是发表一篇权威期刊论文和两篇核心。期刊论文这个核心就相当于是这种北大核心，或者是 CSSCI（中文社会科学引文索引）这种。相当于是学校设定的两年的一个工作指标。和其他学校相比，其实好像并不是特别高，但是对于我自己来说，因为我也是一个新毕业的博士生，所以就是在最开始入职的时候也大概考量了一下自己的能力，然后觉得可能差不多能够得着这个水平，所以当时就决定入职，也拒绝了其他可能更稳定的工作。你刚才问的是这个指标合不合理，我觉得在这个大环境下，这个指标相对于我们学校目前在整个高校里的这个生态位来说基本是对应的。

问题九： 您能描述一件让您产生焦虑的事情吗？印象比较深的。

受访者： 我们家只有我和我老公两个成年人，还双职工，当然我们俩工作时间都是比较自由的，然后带一个娃，这个时候就是相当于白天就会有很多的时间需要我们俩交替带娃。我们家孩子，有爸爸在的时候，只会要妈妈，就什么事都找我。那我被打扰的时间很多，就很多工作都没有办法继续，特别是科研工作。因为科研需要长时间专注地投入，碎片化时间很难去完成一些深入的思考，其他的行政或者是其他的工作都还可以抽空去完成，但是一旦要涉及深入思考就很难完成，这个时候就会很焦虑，有时候就会跟我老公发脾气。

问题十： 那带娃是哪方面使您产生了焦虑情绪？是带娃的时间挤占？还是其他的内容？还是缺少支持等等？

受访者： 时间的挤占。因为一天只有 24 小时，你如果花了较多的时间去陪伴孩子，那用于自己工作的时间就会少一些。所以我觉得主要是这个原因，让自己有焦虑的感觉。

问题十一： 那除了在这些方面上产生焦虑之外，还有其他的情况导致您焦虑的吗？

受 访 者： 其实我感觉我最主要的焦虑来源就是工作时间不够。

问题十二： 那您是怎么应对这些焦虑的情绪的？

受 访 者： 其实并没有很好的应对方法。所以到目前为止还是会偶尔爆发一下，当然我的应对方法就是跟我老公轮流带娃。相当于今天我从奶奶家回到家了，能自己独立的待一段时间，然后就可以自主支配自己的时间。然后可能再过个几天我再回去陪我孩子玩几天，就是这样每陪他一段时间，然后我自己躲出来一段时间。另外一种焦虑就是，你自己独立出来之后就会觉得这时间终于可以自己支配了，但是一旦过了几天，就会觉得有一点愧疚感，就是那种没有和自己的孩子在一起，没有陪伴他的那种愧疚感。特别是之前因为疫情，让孩子去奶奶家住了一阵子，所以我就有十几天的时间都没有见到孩子，后期那段时间就特别想见到他，然后就会想我不要在自己一个人在家里了，我一定想和他在一块儿，然后这个情绪又会很强烈。但是一旦和孩子在一起时间长了就会觉得，我真的必须得工作了这种循环。

问题十三：那您感觉您现在的工作任务量怎么样？您单看工作会让您觉得压力大吗？

受 访 者：工作量的话，其实会有一定的压力，就比如说接下来我要去写完我的报告，但是现在就一个字都还没写。所以就是当去完成一个还未知的这个工作任务的时候，都会有一点焦虑。但是我觉得整体来看，对于工作量的焦虑在一个适度的范围，是可以完成这个目标的，就是说是一种适度的焦虑。

问题十四：我有很多同事，他们有的是"丧偶式育儿"，然后我刚才听您的描述，我感觉您老公和您的家人在这方面给您的支持还可以，您自己感觉呢？

受 访 者：其实我没有特别横向比较过，因为这个圈子也挺小的，也不经常跟人聊天，特别有一段时间都居家办公，然后身边有孩子的同事也比较少，所以没怎么跟别人聊过这个话题，特别没有跟女同事、女同学聊过带娃的话题，所以没有横向比较过。但是如果你这么说，其实还真的应该挺感谢我老公的，还有孩子的奶奶。但是有时候自己情绪控制不住的时候还是会跟他们发脾气，就说"你们都不带娃"之类的，但其实他们也在带娃。

问题十五：但是带娃确实很辛苦，尤其是您还有在工作的时候，要去平衡工作和生活。您觉得您自己现在处理工作和生活怎么样？

受 访 者：就是永远都是在走钢丝绳，就是在平衡。现在我觉得也没有达到一个非常好的状态，或者说根本就不会找到特别完美的一种状态。因为比如说我现在我回到学校，我一个人自己在独立地支配我的空间会好一些，但是就像刚才跟你说的，在这个过程当中，我也会有那种没跟孩子在一起的那种愧疚感，所以说这种平衡是伴随着一些育儿的这种愧疚感同时存在的。

问题十六： 那您感觉就是从性别的角度来看，您觉得女性尤其是青年女性教师在这种学术工作中面临的学术压力都是怎么样的？尤其是您现在还是一位母亲，有没有性别上的一些特点？

受 访 者： 因为我生孩子比较早，相当于我没有在入职之后去经历这种要不要生孩子的抉择和焦虑，但是我觉得青年女性教师，尤其是还未生育的老师一定是在处于一种非常纠结的状态，就是什么时候生孩子能和工作保持平衡。我觉得这个对女老师的影响会非常大，但是对男老师可能影响没有那么大，因为男性不负责生育，不会经历身体上的变化，但是对女老师来讲会是一个非常大的考验。

问题十七： 那您感觉您和您那些没有带娃的女同事相比，压力是更大了还是说怎么样？

受 访 者： 其实这个好像不能用一个非常明确的答案去回答这个问题。就是我觉得孩子一方面是我的一个压力的来源，同时也可以是我的一个压力的出口。当我觉得工作上的压力应对不了的时候，我觉得家庭和孩子对我来说是一个很大的支撑。而且他们也可以帮我，给我一些能量克服工作上的困难。但是对未生育的女性的话，一方面她是有更加自主的更多可支配的空间和时间去完成工作任务，所以这一点相当于是比我更有充沛的资源时间；另一方面，我觉得因为这种独立或者说孤独，这个词不知道准不准确，就让她也缺少一部分来自家庭的这种力量支撑。

问题十八： 我想总结一下，您可能有那种时间挤占的感觉，使您感受到了一部分的压力，那除了这个原因，还有没有其他的原因让您觉得焦虑和郁闷？

受 访 者： 那就是科研方面失败所导致的，比如说文章被拒稿，或者是申请的课题都不中，这方面会让自己产生一些对自己能力怀疑所导致的一些焦虑。

问题十九：那你们目前的聘任体制是什么样子的？

受 访 者：我觉得和某些学校的这种助理教授或者预聘教授是类似的，只是这种时间更短一些，两年。然后给设定一些科研方面的指标，要求在规定年限内去完成这些指标，如果完成的话基本上就可以留下来，就是从预聘到长聘。

问题二十：您现在达到考核标准之后就转为老体制还是说转为有编制的这种老师？

受 访 者：我现在还没有最后的去走这个流程。

问题二十一：那您觉得您转正的能够 100% 实现吗？还有没有可能的风险？

受 访 者：因为我的科研任务方面的指标都已经达到了，然后我觉得在一两年的过程当中，我各方面都表现得还可以，应该没有不利的条件。所以说应该是没有什么风险。

问题二十二：那您之后是还按照非升即走到达副教授那个程度吗？还是那种普通有编制接着往后走这种？

受 访 者：应该是这种事业编型的，不是非升即走的。

问题二十三：那您现在相当于已经没有了非升即走的这种压力？

受 访 者：我只是完成了学校要求的发表论文的指标。

问题二十四：那在这方面您就是感觉到的压力应该还好，还觉得会有压力吗？

受 访 者：就是就像刚刚跟你说的，现在的压力来源主要是我觉得我想做什么，目前做了什么之间的一个比对所产生的焦虑。我有挺多很想做的事情，但是因为时间的一些原因，还没有怎么做成。

问题二十五：那在教学方面有吗？

受 访 者：在教学方面，除了刚才说的要教一些课程之外，我也担任指导研究生论文的工作。和学生的这种互动过程，其实也是比较新鲜的体验。在这个过程当中也会认识到或者体会到学生之间的这种非常大的差异，所以这个时候就也挺考验我怎么把握跟学生之间的互动，怎么样去帮他提高，同时不太伤害到人家的自尊心。但他事情做得并不好也会比较严格，但是怎么去控制这个严格的度也是我考虑的问题。

问题二十六： 那您觉得您的工作环境、人际关系这种方面有让您产生有压力的时候吗？

受 访 者： 目前对于人际关系的焦虑没有特别大。如果说人际关系的话，就是听领导或者前辈讲，这个高校里的特别是我们这个院系里的历史往事，人际关系会比较复杂，然后我的领导也会建议我和大家都保持好关系。

问题二十七： 那在生活负担方面，您觉得有压力吗？就是包括一些物质上的，比如刚才提到过育儿和照顾父母这种的。

受 访 者： 这个负担我觉得主要还是来自孩子，我们目前还没有给孩子买学区房，所以说还没有进入到要为孩子背负房贷这样的一种阶段，所以目前感觉还好。然后你刚刚说的父母，父母的年纪还没有特别大，然后现在健康状况也还挺好，目前都还不太需要我们的帮助，所以感觉没有特别给我带来压力。

问题二十八： 那您对您以后的工作和生活是怎么规划的？

受 访 者： 首先本职工作就是作为高校里面的老师，那就努力地做好自己的教学和科研。然后有能力的话去尝试一下产学研的这种转化。因为我觉得我们学科和应用也有比较强的关系，所以说怎么把它和一些业界的这种产品或者是服务能建立起关系的话，我觉得可能会对科研会有一些帮助。

问题二十九： 那您感觉您所在的单位或者部门对你们的关怀和支持一般都有哪些方式？

受 访 者： 学校的工会经常组织一些教师之间的活动，但不一定是针对青年教师的，是所有教师的一些活动。然后各种节日发一些慰问品。

青年教师的话，学院会每个学期差不多就会组织一些青年教师的这种沙龙，然后有一些主题有一些交流。

问题三十：　　那您希望如果以后想要在一些实际上作出改进的话，您希望学校可以采取哪些措施来缓解青年教师的焦虑心情？

受访者：　　我觉得其实心理咨询应该是挺不错的，每个学校也都有心理咨询中心，可以建立一种制度性的福利，为老师们提供这种心理咨询的服务。其实我觉得还有很多就这种制度性的关怀可能也需要去落实到人去实施，学院的领导层级怎么和青年教师建立起一些连接我觉得也是很重要的，尤其是让青年教师对这个学院有一种归属感，这样会特别有利于这个组织的发展。

问题三十一：　那您觉得您对您自己的部门的归属感怎么样？

受　访　者：　一般般。可能因为就是见过一些好的老师或者是好的领导是什么样子的，比如说我非常敬佩我们一位老师，听他作为领导的讲话和作为老师的这种分享，就是会觉得他在整个学院起到一个大家长的地位，他能够让整个学院的老师和学生有一种敬重感。或者说他是一个非常正派的人，能够起到一种正向的引领作用。

问题三十二：　那您是不是感觉你们部门的凝聚力就没有您以前期望的那么强？

受　访　者：　凝聚力很散。当然不是说以前学校老师们之间凝聚力就多强，但是这种区别就在于我感觉当年在读博的时候会感觉每个老师很多时候是各自干各自的事情，也没有聚在一块儿要做什么事情，但是他会被学院或者说这样的一个组织所代表的凝聚力所凝聚。比如说学校潜在的自由、包容这样的一种价值观，大家都比较认同这个价值观，所以我们觉得他认同学校、学院。但现在是靠行政的这种权力来去组织。

问题三十三：　那您感觉这种情况是怎么影响您的？归属感会对您产生什么样的影响？

受 访 者: 所以我会自己建立归属感。我可能建立的不是和这个宏大组织之间的归属感，我会自己去想办法建立和自己所在这个组织里的具体的人的之间的联系。比如说我接触到的学生，我和他们建立了联系。比如说我接触到具体的老师和具体的领导，和这些人之间建立一些联系。然后自我要求自己应该去努力做到所谓的比较好的老师的状态，和领导和同事之间的沟通就做到一个尽职尽责的工作状态。相当于自我价值观引导的一个自我要求。

问题三十四: 那您觉得如果咱们鼓励营造一个更好的组织环境会对于缓解青年教师的压力有帮助吗?

受 访 者: 会，我觉得这个肯定会。如果一个比较有创造力，然后比较开放的组织环境，对于组织内的个人的这种发展都会起到比较好的作用。

问题三十五: 那您现在感觉自己的身体状况怎么样?

受 访 者: 我身体的毛病主要是颈椎和腰椎。从我读博士之后慢慢就留下来的一些毛病，就是工作强度一旦加大，这毛病就严重了，然后自己一旦躺平一点，这毛病就消失掉。

问题三十六: 那您对以后的子女教育会有期待吗? 对您家孩子的教育会有期待吗? 尤其是在您处在那么卷的范围里。

受 访 者: 应该会有期待。可能因为真的没有横向比较，就是看自己孩子就觉得他还挺有学习天赋的，可能是因为孩子还小觉得他挺爱学习的，经常爱看一些跟数学有关的视频。我就想既然人家都想学，那就给他创造条件让他学。

问题三十七: 那这样的话您是不是在子女教育上的压力会觉得没有那么焦虑，因为您家的素质很高。

受 访 者: 现在 3 岁还看不出来，以后还不知道怎么样，现在还没有到我需要焦虑的时候，可能再过一两年就得焦虑要不要买房子了，但整体上觉得他应该还是会走一个比较普通的,像我走过的路,就是通过学习考大学。也希望他能够通过好的学业的成绩,去有更好的发展。

问题三十八: 最后一个问题,就是您觉得青年教师群体面临的压力有哪些?刚才我们谈的都是您自己,那您觉得这个群体一般面临的压力都有哪些?

受 访 者: 其实从群体来讲的话,就是相当于是个体压力的总和,也就是说我刚才所讲到的一些压力可能很多老师都有。然后我刚才没有讲到的一些压力可能一些老师也有。我身边就有一些例子,就是有些老师刚入职没多久,然后家里的老人就生病的特别严重,然后就需要去照顾,还有住院费金钱方面的一些压力都随之而来了。那这个时候给青年教师带来的压力就是多方面的,不仅是时间上的,还有金钱上的生活压力。

问题三十九: 那还有其他的吗?

受 访 者: 我觉得从群体来看的话,应该所有的都包含,就我刚才说到的这些,还有育儿压力、科研压力、赡养老人的压力、物质负担压力……我缓解这些压力的方式就是通过带娃和独自想问题,还有看和科研关系不是特别大的书。我好像比较擅长就是通过自己去调节,我不擅长去寻找外界的帮助,可能这个也是需要改进的地方。

参考文献

[1] 鲍威，杜嫱，麻嘉玲．是否以学术为业：博士研究生的学术职业取向及其影响因素 [J]．高等教育研究，2017，38（4）．

[2] 毕妍，蔡永红，蔡劲．薪酬满意度、组织支持感和教师绩效的关系研究 [J]．教育学报，2016，12（2）．

[3] 蔡剑桥，杨洋，张楚廷．疫情下的组织支持与全球博士后学术职业倦怠的关系研究——基于《自然》杂志 2021 年对全球博士后的调查数据 [J]．中国人民大学教育学刊，2022（5）．

[4] 曹立斌，石智雷．低生育率自我强化效应的社会学机制的检验与再阐述 [J]．人口学刊，2017，39（1）．

[5] 陈必忠，张绮琳，张瑞敏，等．线上社交焦虑：社交媒体中的人际负性体验 [J]．应用心理学，2020，26（2）．

[6] 陈纯槿．博士后的学术职业流向及其内隐影响路径 [J]．教育发展研究，2023，43（C1）．

[7] 陈建，赵轶然，陈晨，等．社会排斥对生活满意度的影响研究：社会自我效能感与社会支持的作用 [J]．管理评论，2018，30（9）．

[8] 陈伟达，侯卫国．激励理论在高校科研管理中的应用 [J]．福建师范大学学报（哲学社会科学版），2006（5）．

[9] 陈向明．质的研究方法与社会科学研究 [M]．北京：教育科学出版社，2000．

[10] 陈向明．旅居者和"外国人"：留美中国学生跨文化人际交往研究 [M]．北京：教育科学出版社，2004．

[11] 陈晓红，杨柠屹，周艳菊，等．数字经济时代 AIGC 技术影响教育与就业市场的

研究综述——以 ChatGPT 为例 [J]. 系统工程理论与实践，2024，44（1）.

[12] 陈奕荣，魏扬帆，张澳环，等. 组织支持感与特殊教育教师职业倦怠的关系：职业使命感的中介作用及职称的调节作用 [J]. 中国特殊教育，2023（5）.

[13] 陈玥，张峰铭. 导师支持、工作满意度与博士后职业前景——基于 Nature2020 全球博士后调查数据的中介效应分析 [J]. 中国高教研究，2022（8）.

[14] 陈祉妍，刘正奎，祝卓宏，等. 我国心理咨询与心理治疗发展现状、问题与对策 [J]. 中国科学院院刊，2016，31（11）.

[15] 陈至立. 辞海 [M]. 上海：上海辞书出版社，2020.

[16] 代涛. 我国卫生健康服务体系的建设、成效与展望 [J]. 中国卫生政策研究，2019，12（10）.

[17] 中华人民共和国人力资源部. 党的十八大以来博士后事业发展综述 [EB/OL].（2023-10-26）[2024-06-29]. https://www.mohrss.gov.cn/wap/xw/rsxw/202310/t20231026_508208.html

[18] 杜创. 2009 年新医改至今中国公共卫生体系建设历程、短板及应对 [J]. 人民论坛，2020（Z1）.

[19] 郭瑞迎，牛梦虎. 西方博士后职业发展的境遇与启示 [J]. 中国高教研究，2018（8）.

[20] 国务院办公厅. 关于改革完善博士后制度的意见 [EB/OL].（2015-12-30）[2024-08-01]. https://www.gov.cn/zhengce/content/2015-12/03/content_10380.htm.

[21] 范俊强，黄雨心，徐艺敏，等. 就业焦虑：毕业前大学生心理压力及其纾解 [J]. 教育学术月刊，2022（9）.

[22] 范红丽，张晓慧，盖振睿. 基本养老保险对青年劳动力生育意愿的影响——基于收入与替代效应交互视角的检验 [J/OL]. 财经理论与实践 [2024-07-08]. https://gfffgc1d129f57bb244a4h0oncnn556qq96nq6fgfy.eds.tju.edu.cn/kcms/detail/43.1057.F.20240628.1344.002.html.

[23] 范瑞泉，陈维清. 大学生社会支持和应对方式与抑郁和焦虑情绪的关系 [J]. 中国学校卫生，2007（7）.

[24] 郭菲，陈祉妍. 科技工作者心理健康需求与服务现状 [J]. 科技导报，2019，37（11）.

[25] 郭丽君，吴庆华. 试析美国博士生教育为学术职业发展准备的社会化活动 [J]. 学

位与研究生教育，2013（7）．

[26] 高建东．培养抑或用工：我国高校博士后制度的现实与反思［J］．河北师范大学学报（教育科学版），2020，22（4）．

[27] 郭仕豪，任可欣．需求层次视角下的博士后学术职业意愿分析［J］．黑龙江高教研究，2023，41（6）．

[28] 高晓清，杨洋．社会认知职业理论视角下博士后学术职业认同的影响因素研究［J］．大学教育科学，2022（4）．

[29] 郭妍，张海红，王霞．我院博士后科研工作站现状分析及其对策［J］．中国医院管理，2020，40（7）．

[30] 何瑾，樊富珉，刘海骅．舞动团体提升大学生心理健康水平的干预效果［J］．中国临床心理学杂志，2015，23（3）．

[31] 洪秀敏，朱文婷．高学历女青年生育二孩的理想与现实——基于北京市的调查分析［J］．中国青年社会科学，2017，36（6）．

[32] 黄中伟，王宇露．关于经济行为的社会嵌入理论研究述评［J］．外国经济与管理，2007（12）．

[33] 侯金芹，陈祉妍．工作家庭外溢对科技工作者身心健康的影响［J］．科技导报，2019，37（11）．

[34] 胡佳，郑英，代涛，等．整合型医疗健康服务体系理论框架的核心要素与演变特点——基于系统综述［J］．中国卫生政策研究，2022，15（1）．

[35] 黄捷扬，张应强．博士生专业社会化：概念辨析、实践内涵和研究路向［J］．高等教育研究，2024，45（1）．

[36] 华红琴，翁定军．社会地位、生活境遇与焦虑［J］．社会，2013，33（1）．

[37] 华婉晴．在校大学生抑郁、焦虑及压力现况研究［D］．吉林大学，2020．

[38] 惠慧，洪昂，王振．虚拟现实暴露疗法在焦虑相关障碍治疗中的新进展［J］．中国临床心理学杂志，2022，30（5）．

[39] 贾琼，姜盼，张龙．挽留之道：离职挽留对员工离职意愿的影响研究［J］．中国人力资源开发，2024，41（5）．

[40] 蒋贵友，郭志慧．博士后工作满意度及其影响因素的实证分析：基于《自然》全

球博士后的调查数据 [J].科技管理研究，2022，42（12）.

[41] 蒋贵友 .全球博士后学术发展困境的现实表征与生成机理 [J].比较教育研究，2022，44（3）.

[42] 贾彦茹，张守臣，金童林，等 .大学生社会排斥对社交焦虑的影响：负面评价恐惧与人际信任的作用 [J].心理科学，2019，42（3）.

[43] 蒋建国，赵艺颖 ."夸夸群"：身份焦虑、夸赞泛滥与群体伪饰 [J].现代传播（中国传媒大学学报），2020，42（2）.

[44] 蒋茁，邓怡 .高校青年科技人才发展的需求与困境 [J].中国高校科技，2017（10）.

[45] 姜力铭，田雪涛，任萍，等 .人工智能辅助下的心理健康新型测评 [J].心理科学进展，2022，30（1）.

[46] 雷秀雯，袁也丰，廖萍，等 .科研人员焦虑、抑郁状况及影响因素分析 [J].中国公共卫生，2012，28（8）.

[47] 李锋亮，王志林 .ChatGPT 对研究生导学关系的影响刍议 [J].高校教育管理，2023，17（6）.

[48] 黎娟娟，黎文华 .无家何以育：破解青年低生育率的家庭路径 [J].中国青年研究，2024（6）.

[49] 李婧，王家同，苏衡，等 .某医科大学科研人员睡眠质量及其相关影响因素分析 [J].第四军医大学学报，2006（4）.

[50] 李永慧 .希望特质团体心理辅导对大学生考试焦虑干预效果研究 [J].中国临床心理学杂志，2019，27（1）.

[51] 李永智，邓友超，李红恩 .习近平总书记关于教育的重要论述体系化学理化研究 [J].中国高校社会科学，2024（4）.

[52] 李宗波，彭翠，陈世民，等 .辱虐型指导方式对科研创造力的影响：科研焦虑与性别一致性的作用 [J].中国临床心理学杂志，2019，27（1）.

[53] 李立国 .从高校之制到高校之治：高校治理新进展 [J].国家教育行政学院学报，2022（10）.

[54] 李敏，黄怡 .员工组织职业生涯管理感知对工作满意度的影响——组织支持感的中介作用 [J].中国人力资源开发，2013（17）.

[55] 连宏萍，王梦雨，郭文馨.博士后如何选择职业？——基于扎根理论的北京社科博士后择业影响机制探究 [J].东岳论丛，2021，42（4）.

[56] 林昊民，甘满堂.主观阶层认同、阶层流动感知与城乡居民生育意愿研究——基于 CGSS2017 数据 [J].中共福建省委党校（福建行政学院）学报，2022（1）.

[57] 梁会青，李佳丽.组织系统对博士后学术职业认同的影响研究——基于 Nature 2020 年全球博士后调查的实证分析 [J].江苏高教，2022（2）.

[58] 梁梦凡.科技领军人才健康状况及影响因素研究 [D].西安工程大学，2016.

[59] 刘丰，胡春龙.育龄延迟、教育回报率极化与生育配套政策 [J].财经研究，2018，44（8）.

[60] 刘凌宇，沈文钦，蒋凯.一流大学建设高校博士毕业生企业就业的去向研究 [J].学位与研究生教育，2019（10）.

[61] 刘路.澳大利亚一流大学国际人才引进的经验与启示 [J].黑龙江高教研究，2023，41（4）.

[62] 刘梅颜.关注青年科技工作者身心健康 [J].北京观察，2022（4）.

[63] 刘明明.音乐表演焦虑研究综述 [J].中央音乐学院学报，2021（1）.

[64] 刘少杰.国外社会学力量 [M].北京：高等教育出版社，2006.

[65] 刘微，张薇，杨军.初级保健中抑郁症的识别与治疗 [J].中国初级卫生保健，2001（10）.

[66] 刘胜男，赵新亮.新生代乡村教师缘何离职——组织嵌入理论视角的阐释 [J].教育发展研究，2017，37（C2）.

[67] 刘霄，谢萍.新冠肺炎疫情背景下全球博士后的合作导师支持与博士后发展状况 [J].中国科技论坛，2022，38（4）.

[68] 刘霄，孙俊华.科研人员工作满意度及其影响因素的国际比较 [J].科学学研究，2023，41（5）.

[69] 刘霄，王世岳，赵世奎."蓄水池"还是"镀金店"：博士后制度的国际比较研究 [J].清华大学教育研究，2023，44（1）.

[70] 刘洋，张大均.评价恐惧理论及相关研究述评 [J].心理科学进展，2010，18（1）.

[71] 刘洋溪，李立国，任钰欣.资源保存理论视角下博士后工作满意度的影响机制研

究——基于 Nature 全球调查数据的实证分析 [J].国家教育行政学院学报，2023
（4）.

[72] 刘岩.我国博士后人才培养机制的问题与思考 [J].中国人才，2020（10）.

[73] 刘志远，任学柱，王工斌，等.网络认知行为治疗干预大学生焦虑情绪的随机对
照试验 [J].中国心理卫生杂志，2020，34（3）.

[74] 凌文辁，杨海军，方俐洛.企业员工的组织支持感 [J].心理学报，2006（2）.

[75] 李秀凤，刘美婷，郭书玉，等.员工－组织双赢：发展型人力资源管理实践的影
响及其作用机制 [J].中国人力资源开发，2023，40（9）.

[76] 罗英姿，张晓可.人力资本、信号与偏好：学术劳动力市场的"下沉式就业"及
其对博士职业发展的影响 [J].高等教育研究，2023，44（10）.

[77] 马立超，姚昊."双一流"建设高校博士后如何突破"科研围城"——博士后科
研创新能力影响因素的实证研究 [J].湖南师范大学教育科学学报，2022，21（5）.

[78] 马立超，姚昊.学术评价如何影响博士后科研创新能力发展——基于 42 所"双
一流"建设高校的实证调查 [J].湖南师范大学教育科学学报，2024，23（2）.

[79] 马立超.一流高校博士后管理制度实施成效、困境与优化路径——基于博士后个
体视角的混合研究 [J].大学教育科学，2022（2）.

[80] 马雪杨，王增文.为何生育支持政策要以支持家庭为中心？——基于对大众生育
观的主题分析 [J].中国青年研究，2024（6）.

[81] 马银琦，毋磊，姚昊.谁更愿意从事博士后研究工作——科研自我效能理论和计
划行为理论的实证分析 [J].高校教育管理，2024，18（3）.

[82] 明志君，王雅芯，陈祉妍.科技工作者心理健康素养现状 [J].科技导报，2019，
37（11）.

[83] 潘若愚，张丽军，陶淑慧，等.中青年科技工作者高血压与失眠、焦虑抑郁现状
分析 [J].中国循证心血管医学杂志，2022，14（3）.

[84] 彭贤杰，阮文洁，樊秀娣.德国高校对不同阶段教授激励策略的价值导向探究——
基于德国 W 体系薪酬分配制度的分析 [J].外国教育研究，2024，51（2）.

[85] 秦江梅，林春梅，张艳春，等.新中国 70 年初级卫生保健回顾与展望 [J].中国
卫生政策研究，2019，12（11）.

[86] 任志娟，陶润生，胡中慧.组织职业生涯管理对知识型员工职业成长的影响——组织支持感的中介作用 [J].湖北文理学院学报，2018，39（5）.

[87] 沈童睿.我国累计招收博士后约 34 万人（新数据 新看点）[N].人民日报，2023-06-23（01）.

[88] 沈文钦，许丹东.优秀的冒险者：中国博士后的职业选择与职业路径分析 [J].中国高教研究，2021（5）.

[89] 石智雷，滕聪波.三孩政策下生育质量研究 [J].人口学刊，2023，45（5）.

[90] 石长慧，李睿婕，何光喜，等.我国科研人员身心健康状况及干预对策研究 [J].中国科技人才，2022（5）.

[91] 宋健，靳永爱，吴林峰.2019.性别偏好对家庭二孩生育计划的影响——夫妻视角下的一项实证研究 [J].人口研究，2019，43（3）.

[92] 孙维哲，梁晓峰.初级卫生保健发展回顾与疾控作用的思考 [J].中国公共卫生，2019，35（7）.

[93] 唐平秋，蒋晓飞.基于期望理论的高校智库研究人员激励：困境与对策 [J].中国行政管理，2017（1）.

[94] 田贤鹏，姜淑杰.为何而焦虑：高校青年教师职业焦虑调查研究——基于"非升即走"政策的背景 [J].高教探索，2022（3）.

[95] 汪传艳，任超.博士后工作满意度影响因素的实证研究 [J].科技管理研究，2016，36（21）.

[96] 王峰，王岩，项建民，等.基于嵌入社会视角的美国课外体育活动运行模式研究——以佐治亚州 Athens-Clarke County 为例 [J].北京体育大学学报，2018，41（12）.

[97] 王丽萍.转型期的文化多元、文化冲突对社会焦虑的影响 [J].山东社会科学，2018（2）.

[98] 王涛利，谢心怡，蒋凯.高校预聘制青年教师组织认同及其院校影响因素研究——基于两所研究型大学的质性比较分析 [J].教育发展研究，2022，42（C1）.

[99] 王敏，王书翠.子女教育压力、住房压力与生育意愿研究——基于幸福感与社会阶层的挤出效用 [J].南方人口，2024，39（3）.

[100] 王琪.高职院校教师组织支持感与工作满意度关系研究——职业适应的中介作

用 [J].中国高教研究，2018（9）.

[101] 汪洋，韩建军，许岩丽.大洋彼岸的涛声——美国新版初级卫生保健质量评估策略对中国全科医疗服务质量评估体系的启示 [J].中国全科医学，2019，22（16）.

[102] 王雅芯，郭菲，刘亚男，等.青年科技工作者的心理健康状况及影响因素 [J].科技导报，2019，37（11）.

[103] 郭菲，王雅芯，刘亚男，等.科技工作者心理健康状况及影响因素 [J].科技导报，2020，38（10）.

[104] 王树义，张庆薇.ChatGPT 给科研工作者带来的机遇与挑战 [J].图书馆论坛，2023，43（3）.

[105] 王思懿.科研主力军还是学术临时工：瑞士博士后多重角色冲突与发展困境[J].比较教育研究，2022，44（2）.

[106] 王思懿，姚荣.从学术信任到绩效导向的自主——北欧国家大学学术生涯系统的变革逻辑 [J].江苏高教，2023（3）.

[107] 王小万，崔月颖，李奇峰.欧洲重建初级卫生保健服务体系的理念与措施 [J].中国卫生政策研究，2010，3（3）.

[108] 王翌秋，郭冲，金松青.生育影响高质量就业的性别差异研究 [J].世界经济文汇，2024（3）.

[109] 王战军，娄枝，蔺跟荣.世界主要国家博士后教育发展指数研究 [J].学位与研究生教育，2020（8）.

[110] 王治涵，汪雅霜.多劳是否多得：科研时间投入与博士后薪酬水平——基于全球博士后调查数据的实证分析 [J].山东高等教育，2023，11（5）.

[111] 卫善春，顾希垚，杨升荣，等.博士毕业生职业选择现况分析与对策探究——以上海交通大学为例 [J].学位与研究生教育，2021（11）.

[112] 吴立保，赵慧.社会化视角下博士后学术职业认同及其影响因素——基于 Nature 全球博士后调查数据的实证分析 [J].中国高教研究，2021（11）.

[113] 吴鹏.学术职业与教师聘任 [M].北京：中国海洋大学出版社，2006.

[114] 肖灿.导师支持对博士后学术职业选择的影响研究——基于 2020 年 Nature 全球博士后调查的实证分析 [J].高教探索，2021（11）.

[115] 肖林，郑智勇，宋乃庆.嵌入性理论视域下乡村教师培训动力机制探赜 [J].东北师大学报（哲学社会科学版），2022（4）.

[116] 许丹东，吕林海.婚育妨碍博士生的学术训练吗？——基于博士生调查的实证研究 [J].中国高教研究，2023（10）.

[117] 新华社.优化生育政策，改善人口结构——国家卫生健康委有关负责人就实施三孩生育政策答新华社记者问 [EB/OL].（2021-06-01）[2024-07-03]. https://www.gov.cn/zhengce/2021-06/01/content_5614518.html.

[118] 徐国庆，蔡金芳，姜蓓佳，等.ChatGPT/ 生成式人工智能与未来职业教育 [J].华东师范大学学报（教育科学版），2023，41（7）.

[119] 徐浩天，沈文钦.博士后经历与职位获得——学术劳动力市场回报的净效应及其异质性 [J].研究生教育研究，2024（2）.

[120] 许高勇，郑淑月."容貌焦虑"：议题、身份与文化征候 [J].传媒观察，2022，465（9）.

[121] 薛春艳，刘时新.工程科技人才培养的心理健康之维 [J].高等工程教育研究，2018（4）.

[122] 严毛新.嵌入视角下推进大学生创业教育 [J].中国高教研究，2014（7）.

[123] 姚云，曹昭乐，唐艺卿.中国博士后制度 30 年发展与未来改革 [J].教育研究，2017，38（9）.

[124] 杨婧，王欣，杨河清."内卷化"视角下科研人员过度劳动问题研究：以高校教师为例 [J].中国人力资源开发，2024，41（4）.

[125] 杨娟，金帷.高校教师学术工作的满意度与压力——国际比较与个案分析 [J].教育学术月刊，2018（6）.

[126] 杨洁，邱晨辉.如何为科研人员心理减负 [N/OL].中国青年报，2021-04-20（08）[2023-03-10].https://zqb.cyol.com/html/2021-04/20/nw.D110000zgq-nb_20210420_1-12.htm.

[127] 尧丽，郭阳，周诗雨，等.大学生控制感对状态焦虑的影响 [J].中国心理卫生杂志，2022，36（11）.

[128] 俞国良.当前公众心理健康状况与社会焦虑的纾解 [J].人民论坛，2021，716（25）.

[129] 于潇，梁嘉宁.中国独生子女生育意愿研究——基于生育代际传递视角 [J].浙江社会科学，2021（11）.

[130] 于长永，喻贞，胡静瑶，等.高学历育龄人群三孩生育意愿研究 [J].人口学刊，2024，46（2）.

[131] 张务农.人工智能危及学术职业？——知识创新的分析视角 [J].暨南学报（哲学社会科学版），2023，45（4）.

[132] 张樨樨，崔玉倩.高人力资本女性更愿意生育二孩吗——基于人力资本的生育意愿转化研究 [J].清华大学学报（哲学社会科学版），2020，35（2）.

[133] 张建卫，滑卫军，任永灿.高校国防科技人才心理素质教育的发展现状与改进策略——基于国防科技行业毕业生的实证研究 [J].黑龙江高教研究，2018，36（12）.

[134] 张晓洁，杨程越.何以为学：博士生学术职业社会化影响因素与路径探究 [J].研究生教育研究，2024（1）.

[135] 张新培.瑞士高校有组织科研的复杂面向及其机制响应——基于苏黎世联邦理工学院的案例分析 [J].国家教育行政学院学报，2022（12）.

[136] 张洋磊，于晓卉.“双一流”建设背景下博士后质量保障困境与治理策略 [J].中国高教研究，2021（7）.

[137] 赵慧，吴立保.资金支持如何影响博士后的学术职业发展——基于 Nature 全球博士后调查数据的实证分析 [J].研究生教育研究，2022，37（3）.

[138] 赵祥辉，张娟.培养抑或使用：身份定位对博士后职业发展能力的影响——基于 2020 年 Nature 全球博士后调查数据的实证分析 [J].湖南师范大学教育科学学报，2023，22（1）.

[139] 赵颖，沈文钦，祝军，等.巾帼不让须眉？——工科博士获得精英学术职位的性别差异研究 [J].华东师范大学学报（教育科学版），2023，41（5）.

[140] 郑世林，陶然，杨文博.ChatGPT 等生成式人工智能技术对产业转型升级的影响 [J].产业经济评论，2024（1）.

[141] 郑英.我国区域整合型医疗健康服务体系的治理逻辑与路径分析——基于多中心治理视角 [J].中国卫生政策研究，2022，15（1）.

[142] 郑雪静,张泽宇,谭晓艳,等.教育是否降低了女性生育惩罚？[J].劳动经济研究,2023,11（5）.

[143] 钟晓龙,李慧慧,王自锋.高就业密度是否会降低生育意愿——基于 CGSS 微观数据的实证研究 [J].统计学报,2024,5（1）.

[144] 中国社会科学杂志社.新时代研究者推动学术变革 [EB/OL].（2019-07-10）[2024-07-30]. http://sscp.cssn.cn/xkpd/xszx/gj/201907/t20190710_4931524.html

[145] 中华人民共和国科学技术部.《中国科技人才发展报告（2022）》[M].北京:科学技术文献出版社,2022.

[146] 周建力,柳海民.ChatGPT/生成式人工智能影响职业教育的外部逻辑——基于技术进步影响就业的分析 [J].中国职业技术教育,2024（6）.

[147] 周莎,张尚.生成式人工智能应用于学术研究的风险及其预防机制 [J].黑龙江高教研究,2024,42（3）.

[148] 周晓蒙,裴星童.高等教育对女性生育水平的影响机制研究 [J].人口与发展,2022,28（6）.

[149] 朱乐平.高校师资博士后角色冲突:表征、归因与对策 [J].江苏高教,2024（4）.

[150] AHMED I, NAWAZ M M. Antecedents and outcomes of perceived organizational support: A literature survey approach[J]. Journal of Management Development, 2015, 34(7).

[151] ÅKERLIND GS. Postdoctoral researchers: Roles, functions and career prospects [J]. Higher Education Research & Development, 2005, 24(1).

[152] ALBERTS N M, HADJISTAVROPOULOS H D, Jones S L, et al. The short health anxiety inventory: A systematic review and meta-analysis[J]. Journal of Anxiety Disorders, 2013, 27(1).

[153] ATHANASIADOU R, BANKSTON A, CARLISLE M K, et al. Assessing the landscape of US postdoctoral salaries[J]. Studies in Graduate and Postdoctoral Education, 2018, 9(2).

[154] BANDURA A. Self-efficacy: Toward a unifying theory of behavioral change [J]. Psychological Review, 1977, 84(2).

[155] BANDELOW B, MICHAELIS S, WEDEKIND D. Treatment of anxiety disorders[J]. Dialogues in Clinical Neuroscience, 2017, 19(2).

[156] BRIM C A. A Modified pedigree method of selection in soybeans1[J]. Crop Science, 1966, 6(2).

[157] BRINTON M C, OH E. Babies, work, or both? Highly educated women's employ-ment and fertility in East Asia[J]. American Journal of Sociology, 2019, 125(1).

[158] CAPRARA G V, BARBARANELLI C, STECA P, et al. Teachers' self-efficacy beliefs as determinants of job satisfaction and students' academic achievement: A study at the school level [J]. Journal of School Psychology, 2006, 44(6).

[159] CASTELLó M, MCALPINE L, PYHäLTö K. Spanish and UK post-PhD researchers: Writing perceptions, well-being and productivity [J]. Higher Education Research & De-velopment, 2017, 36(6).

[160] CHERRY D K, SCHAPPERT S M. Percentage of mental health–related primary care office visits, by age group — National ambulatory medical care survey, United States, 2010[J]. Mmwr Morbidity and Mortality Weekly Report, 2014, 63(47).

[161] CHUI M, HAZAN E, ROBERTS R, et al. The economic potential of generative AI: The next productivity frontier[R]. New York: McKinsey & Company, 2023.

[162] COHEN J. Quantitative methods in psychology: A power primer[J]. Psychol. Bull., 1992 (112).

[163] COOPER S, VALLELEY RJ, POLAHA J, et al. Running out of time: Physician man-agement of behavioral health concerns in rural pediatric primary care. [J] Pediatrics, 2006,118(1).

[164] CRASKE M G. Anxiety disorders: Psychological approaches to theory and treat-ment [M]. Boulder, Colo: Westview Press, 1999.

[165] DAVIS G. Doctors without orders: Highlights of the Sigma Xi postdoc survey [J]. Amer-ican Scientist, 2005, 93(3).

[166] DEMEROUTI E, BAKKER A B, NACHREINER F, et al. The job demands-resources model of burnout [J]. Journal of Applied psychology, 2001, 86(3).

[167]DENTON M, BORREGO M, KNIGHT D B. U.S. postdoctoral careers in life sciences, physical sciences and engineering: Government, industry, and academia[J]. PLOS ONE, 2022, 17(2).

[168]DORENKAMP I, WEIß E E. What makes them leave? A path model of postdocs' intentions to leave academia[J]. Higher Education, 2018, 75.

[169]DORENKAMP I, WEIß E E. Work-life conflict among young academics: Antecedents and gender effects [J]. European Journal of Higher Education, 2017, 7(4).

[170]DRIESSEN E, HEGELMAIER L M, ABBASS A A, et al. The efficacy of short-term psychodynamic psychotherapy for depression: A meta-analysis update [J]. Clinical Psychology Review, 2015, 42.

[171]DUVAL F, LEBOWITZ B D, MACHER J-P. Treatments in depression [J]. Dialogues in Clinical Neuroscience, 2006, 8(2).

[172]ELOUNDOU T, MANNING S, MISHKIN P, et al. GPTs are GPTs: An early look at the labor market impact potential of large language models[EB/OL]. (2023-03-17)[2024-05-19]. https://arxiv.org/abs/2303.10130.

[173]EPTEIN N, ELHALABY C. Social capital in academia: How does postdocs' relationship with their superior professors shape their career intentions?[J]. International Journal for Educational and Vocational Guidance, 2023.

[174]EISENBERGER R, HUNTINGTON R, HUTCHISON S, et al. Perceived organizational support[J]. Journal of Applied Psychology, 1986, 71.

[175]EISENBERGER R, STINGLHAMBER F. Perceived organizational support: Fostering enthusiastic and productive employees[M]. Washington, D.C.: American Psychological Association, 2011.

[176]EVERS A, SIEVERDING M. Academic career intention beyond the PhD: Can the theory of planned behavior explain gender differences?[J]. Journal of Applied Social Psychology, 2015,45.

[177]FERNALD A, MARCHMAN V A, WEISLEDER A. SES differences in language processing skill and vocabulary are evident at 18 months[J]. Developmental Science, 2013,

16(2).

[178] FITZENBERGER B, SCHULZE U. Up or out: Research incentives and career prospects of postdocs in Germany[J]. German Economic Review, 2014, 15.

[179] FOCHLER M. Variants of epistemic capitalism: Knowledge production and the accumulation of worth in commercial biotechnology and the academic life sciences[J]. Science, Technology, Human Values, 2016, 41(5).

[180] GANJAVI C, EPPLER M B, PEKCAN A, et al. Publishers' and journals' instructions to authors on use of generative artificial intelligence in academic and scientific publishing: Bibliometric analysis[J]. BMJ, 2024, 384.

[181] GAO W , PING S , LIU X . Gender differences in depression, anxiety, and stress among college students: A longitudinal study from China[J]. Journal of Affective Disorders, 2019, 263.

[182] GEUNA A, SHIBAYAMA S. Moving out of academic research: Why scientists stop doing research?[M]// GEUNA A. Global mobility of research scientists: The Economics of who goes where and why. San Diego, CA: Academic Press, 2015.

[183] GILROY L J, KIRKBY K C, DANIELS B A, et al. Controlled comparison of computer-aided vicarious exposure versus live exposure in the treatment of spider phobia [J]. Behavior Therapy, 2000, 31(4).

[184] GLORIA C T, STEINHARDT M A. The direct and mediating roles of positive emotions on work engagement among postdoctoral fellows [J]. Studies in Higher Education, 2017, 42(12).

[185] GOLDMAN L S, NIELSEN N H, CHAMPION H C, et al. Awareness, diagnosis, and treatment of depression [J]. Journal of General Internal Medicine, 1999, 14(9).

[186] GRANOVETTER M S. Economic action and social structure：The problem of embeddedness [J]. American Journal of Sociology,1985,91(3).

[187] GUIDETTI G, CONVERSO D, DI FIORE T, et al. Cynicism and dedication to work in post-docs: Relationships between individual job insecurity, job insecurity climate, and supervisor support [J]. European Journal of Higher Education, 2022, 12(2).

[188] HANA ALHARTHI. Predicting the level of generalized anxiety disorder of the coronavirus pandemic among college age students using artificial intelligence technology[C]//. Proceedings of 2020 19th international symposium on distributed computing and applications for business engineering and science(DCABES 2020). 2020.

[189] HAYTER C S, PARKER M A. Factors that influence the transition of university postdocs to non-academic scientific careers: An exploratory study[J]. Research Policy, 2019, 48(3).

[190] HEIJSTRA T M, O'CONNOR P, RAFNSDóTTIR G L. Explaining gender inequality in Iceland: what makes the difference? [J]. European Journal of Higher Education, 2013, 3(4).

[191] HELGADOTTIR BJORG, YVONNE F, ORJAN E, et al. Physical activity patterns of people affected by depressive and anxiety disorders as measured by accelerometers: A cross-sectional study[J]. PLoS ONE, 2015, 10(1).

[192] HORTA H. Holding a post-doctoral position before becoming a faculty member: Does it bring benefits for the scholarly enterprise? [J]. Higher Education, 2009, 58(5).

[193] HUANG J, GATES A J, SINATRA R, et al. Historical comparison of gender inequality in scientific careers across countries and disciplines[J]. Proceedings of the National Academy of Sciences, 2020, 117(9).

[194] JARRETT R B, JOHN RUSH A. Short-term psychotherapy of depressive disorders [J]. Psychiatry, 1994, 57(2).

[195] JIE X U , CHEN H E , NICHOLAS D ,et al.Early-career researchers in china during the pandemic: Qualitative evidence from a longitudinal study[J].Journal of Scholarly Publishing, 2023,54(2).

[196] JULIAN L J. Measures of anxiety: State-trait anxiety inventory (STAI), beck anxiety inventory (BAI), and hospital anxiety and depression scale-anxiety (HADS-A) [J]. Arthritis Care Res. 2011, 63(S11).

[197] KAHN S, GINTHER D K. The impact of postdoctoral training on early careers in biomedicine [J]. Nature Biotechnology, 2017, 35(1).

[198]KIM Y. Music therapists' job satisfaction, collective self-esteem, and burnout [J]. Arts in Psychotherapy, 2012,39(1).

[199]KIRMAYER L J. Cultural variations in the clinical presentation of depression and anxiety: Implications for diagnosis and treatment [J]. Journal of Clinical Psychiatry, 2001, 62.

[200]KINMAN G, COURT S. Psychosocial hazards in UK universities: Adopting a risk assessment approach [J]. Higher Education Quarterly, 2010, 64(4).

[201]KRAUSE K-L. Interpreting changing academic roles and identities in higher education [M]// The routledge international handbook of higher education. Routledge, 2009.

[202]KRAVDAL O, RINDFUSS R R. Changing relationships between education and fertility: A study of women and men born 1940 to 1964[J]. American Sociological Review, 2008, 73(5).

[203]KUHN T S. The structure of scientific revolutions[M]. Chicago London: University of Chicago Press Ltd. 1962.

[204]LAMPON S, TAYLOR J, WOOLLETT G, et al. Nature postdocs survey 2023[R]. London: Shift Insight, 2023.

[205]LENT R W, BROWN S D, HACKETT G. Toward a unifying social cognitive theory of career and academic interest, choice, and performance [J]. Journal of vocational behavior, 1994, 45(1).

[206]LENT R W, LOPEZ J R A M, LOPEZ F G, et al. Social cognitive career theory and the prediction of interests and choice goals in the computing disciplines [J]. Journal of Vocational Behavior, 2008, 73(1).

[207]LI Y , ZHAO J , MA Z , et al. Mental health among college students during the COVID-19 Pandemic in china: A 2-wave longitudinal survey[J]. Journal of Affective Disorders, 2020, 281(1).

[208]LOEB D F, BAYLISS E A , BINSWANGER I A , et al. Primary care physician perceptions on caring for complex patients with medical and mental illness[J]. Journal of General Internal Medicine, 2012, 27(8).

[209]LOCKE E A. What is job satisfaction? [J]. Organizational Behavior and Human Performance, 1969, 4(4).

[210]MARCINIAK M A , SHANAHAN L , ROHDE J ,et al.Standalone smartphone cognitive behavioral therapy-based ecological momentary interventions to increase mental health: Narrative review[J].JMIR Mhealth and Uhealth, 2020, 8(11).

[211]MATTHEW W. GALLAGHER, KATE H. BENTLEY, DAVID H. BARLOW. Perceived control and vulnerability to anxiety disorders: A meta-analytic review[J]. Cognitive Therapy and Research, 2014, 38(6).

[212]MCALPINE L. Becoming a PI: From 'doing' to 'managing' research[J]. Teaching in Higher Education, 2016, 21(1).

[213]MCALPINE L. Fixed-term researchers in the social sciences: Passionate investment, yet marginalizing experiences [J]. International Journal for Academic Development, 2010, 15(3).

[214]MCALPINE L, EMMIOĞLU E. Navigating careers: Perceptions of sciences doctoral students, post-PhD researchers and pre-tenure academics [J]. Studies in Higher Education, 2015, 40(10).

[215]MCCONNELL S C, WESTERMAN E L, PIERRE J F, et al. Research: United States National Postdoc Survey results and the interaction of gender, career choice and mentor impact[J]. eLife, 2018, 7.

[216]MCGEE R. Biomedical workforce diversity: The context for mentoring to develop talents and foster success within the "Pipeline" [J]. AIDS and Behavior, 2012, 20(2).

[217]MERTON R K, READER G. The student-physician: Introductory studies in the sociology of medical education[M]. Cambridge: Harvard University Press, 1957.

[218]MOORS A C, MALLEY J E, STEWART A J. My family matters: Gender and perceived support for family commitments and satisfaction in academia among postdocs and faculty in STEMM and Non-STEMM fields [J]. Psychology of Women Quarterly, 2014, 38(4).

[219]MULA J, CARMEN LUCENA RODRIGUEZ, JESUS DOMINGO SEGOVIA, et

al.Early career researchers' identity: A qualitative review[J].Higher Education Quarterly, 2021, 76(2).

[220] MURROUGH J W, YAQUBI S, SAYED S, et al. Emerging drugs for the treatment of anxiety [J]. Expert Opinion on Emerging Drugs, 2015, 20(3).

[221] NERAD M, CERNY J. Postdoctoral patterns, career advancement, and problems [J]. Science, 1999, 285(5433).

[222] NORDING L. How ChatGPT is transforming the postdoc experience[J]. Nature, 2023, 622.

[223] NORTON P J , PRICE E C .A meta-analytic review of adult cognitive-behavioral treatment outcome across the anxiety disorders[J].Journal of Nervous & Mental Disease, 2007, 195(6).

[224] OECD. Promoting diverse career pathways for doctoral and postdoctoral researchers, OECD Science, Technology and Industry Policy Papers[R/OL].(2023-09-01)[2024-07-30]. https://doi.org/10.1787/dc21227a-en

[225] OLFSON M, BLANCO C , WANG S , et al. National trends in the mental health care of children, adolescents, and adults by office-based physicians[J]. Jama Psychiatry, 2014, 71(1).

[226] O'TOOLE J. Forming the future: Lessons from the Saturn Corporation [M]. New Jersey: Blackwell Publishers, 1996: 31-45.

[227] PERREWÉ P L, ZELLARS K L, FERRIS G R, et al. Neutralizing job stressors: Political skill as an antidote to the dysfunctional consequences of role conflict[J]. Academy of Management Journal, 2004, 47(1).

[228] PETERSEN E B. Staying or going?: Australian early career researchers' narratives of academic work, exit options and coping strategies [J]. Australian Universities' Review, 2011, 53(2).

[229] POLANYI K. The great transformation: the political and economic origins of our time[M]. New York: Farrar & Rinehart, 1944.

[230] PRILLAMAN M. Is ChatGPT making scientists hyper-productive? The highs and lows

of using AI[J]. Nature, 2024, 627.

[231]REYNOLDS III C F, FRANK E, PEREL J M, et al. Nortriptyline and interpersonal psychotherapy as maintenance therapies for recurrent major depression: a randomized controlled trial in patients older than 59 years [J]. Jama, 1999, 281(1).

[232]RHOADES L, WEIDMAN R. Perceived organizational support: A review of the literature[J]. Journal of Applied Psychology, 2002, 87(4).

[233]ROACH M, SAUERMANN H. The declining interest in an academic career [J]. PLOS ONE, 2017, 12(9):.

[234]SCAFFIDI A K, BERMAN J E. A positive postdoctoral experience is related to quality supervision and career mentoring, collaborations, networking and a nurturing research environment[J]. Higher Education, 2011, 62.

[235]SCHAUB M, TOKAR D M. The role of personality and learning experiences in social cognitive career theory [J]. Journal of Vocational Behavior, 2005, 66(2).

[236]SCHULTZ T W. Investment in human capital[J]. The American Economic Review,1961,51(1).

[237]SHANNON L JONES, HEATHER D HADJITAVROPOULOS, JOELLE N SOUCY. A randomized controlled trial of guided internet-delivered cognitive behaviour therapy for older adults with generalized anxiety[J]. Journal of Anxiety Disorders, 2016, 37.

[238]SHEN W, XU D. Excellent adventurers: An analysis of career choice and path of chinese postdoctoral researchers[J]. China Higher Education Research, 2021, (5).

[239]SHIN L M, LIBERZON I. The neurocircuitry of fear, stress, and anxiety disorders[J]. Neuropsychopharmacology. 2010, 35(1).

[240]SRIVIDYA M, MOHANAVALLI S, BHALAJI N. Behavioral modeling for mental health using machine learning algorithms[J]. Journal of Medical Systems, 2018, 42(5).

[241]STARFIELD B, SHI L, MACINKO J. Contribution of primary care to health systems and health[J]. The Milbank Quarterly, 83(3).

[242]STEIN D J, VERSIANI M, HAIR T, et al. Efficacy of paroxetine for relapse prevention in social anxiety disorder: A 24-week study[J]. Archives of General Psychiatry, 59(12).

[243] STIGLITZ J E. The theory of "Screening", education, and the distribution of income [J]. The American Economic Review, 1975, 65(3).

[244] TAO C, YONGYI B, ZONGFU M, et al. Identifying factors influencing mental health development of college students in China [J]. Social Behavior and Personality: An International Journal, 2002, 30(6).

[245] TEASDALE J D, SEGAL Z V, WILLIAMS J, et al. Prevention of relapse / recurrence in major depression by mindfulness-based cognitive therapy [J]. Consult Clin Psychol, 2000, 68(4).

[246] TIAN Y, GUO Y. How does organisational support improve job satisfaction? A moderated mediation analysis based on evidence from a global survey [J]. Journal of Psychology in Africa, 2023, 33(2).

[247] TSAI C Y, HORNG J S, LIU C H, et al. Awakening student creativity: Empirical evidence in a learning environment context [J]. Journal of Hospitality, Leisure, Sport & Tourism Education, 2015, 17.

[248] VAN DER WEIJDEN I, TEELKEN C, DE BOER M, et al. Career satisfaction of postdoctoral researchers in relation to their expectations for the future [J]. Higher Education, 2016, 72(1).

[249] VAN ARENSBERGEN P, HESSELS L, VAN DER MEULEN B. Talent centraal[J]. Ontwikkeling en selectie van wetenschappers in Nederland, 2013.

[250] VROOM, V.H. Work and motivation [M]. New York: Wiley, 1964.

[251] WANG Q, WENG Q, MCELROY J C, et al. Organizational career growth and subsequent voice behavior: The role of affective commitment and gender[J]. Journal of Vocational Behavior, 2014, 84(3).

[252] WEIDMAN J C. Impacts of campus experiences and parental socialization on undergraduates' career choices[J]. Research in Higher Education, 1984, 20(4).

[253] WEIDMAN, J. C. Undergraduate socialization: A conceptual approach[M]// Smart, J. C. Higher education: Handbook of theory and research. NY: Agathon Press, 1989.

[254] WOOLSTON C. Postdoc survey reveals disenchantment with working life [J]. Nature,

2020, 587(7834).

[255] XIE Y, SHAUMAN K A. Sex differences in research productivity: new evidence about an old puzzle[J]. American Sociological Review, 1998, 63(6).

[256] XIONG S, CAI C, JIANG W, et al. Primary health care system responses to non-communicable disease prevention and control: a scoping review of national policies in Main-land China since the 2009 health reform[J]. The Lancet Regional Health-Western Pacific, 2022(2).

[257] YADAV A, SEALS C D, SULLIVAN C M S, et al. The forgotten scholar: Underrepresented minority postdoc experiences in STEM fields [J]. Educational Studies, 2020, 56(2).

[258] YU J D, IRIS R, JOHNSON F, et al. Sleep correlates of depression and anxiety in an elderly Asian population.[J].Psychogeriatrics:the official journal of the Japanese Psychogeriatric Society, 2016, 16(3).

[259] ZHANG L, WU L. Community environment perception on depression: The mediating role of subjective social class[J]. International Journal of Environmental Research and Public Health, 2021,18(15).